前言

本书对三维动画短片的技术特点进行了细致的归纳总结，探讨了如何综合运用三维动画技术，使之与具体创作案例紧密结合，阐述了多种技术在三维动画短片创作和实践中的综合应用价值。

本书共分六章，第一章包括 Maya 界面认识、Maya 基础操作、Maya 时间线、Maya 修改命令，第二章包括曲线编辑器介绍、关键帧动画和曲线图编辑器、编辑曲线，第三章包括关键帧应用、关键帧应用实例、曲线编辑应用实例，第四章包括动画法则原理、弧线运动实例，第五章包括变形动画、路径动画，第六章包括 Maya 骨骼动画认知、Maya 骨骼动画实例（卡通金鱼）、Maya 骨骼动画实例（人物角色）。

编者结合自身创作，从三维镜头技术、角色造型技术、动作表情技术等多个方面对三维动画短片技术特点进行比较全面的总结，为教学工作提供了鲜活的案例，对动画短片的创作具有现实借鉴意义。

创作三维动画短片需要吸收学习影视、戏剧等艺术语言的优点，注重多种技术手段和工具的协调运用，坚持创作思想是核心，技术手段是工具，将三维动画的丰富技术手段如镜头运用技术、角色造型技术、动画表情技术、动画渲染技术等恰当地组合运用到短片创作中，让软件技术与艺术创作的主题和风格紧密结合，为创作主体思想服务，这样才能创作出富有新意的好作品。

本书由金陵科技学院刘志强、安徽新华学院戚大为、苏州高博软件技术职业学院韩美英担任主编；辽宁生态工程职业学院冯冬梅、哈尔滨学院马舒、潍坊理工学院秦立兵、江苏省无锡技师学院梁彦、亳州学院梅蕾担任副主编。

本书可作为动漫、数字媒体、广告、游戏、影视动画等专业课程的教材，也可供三维动画的制作人员参考使用。

编　者

2021 年 5 月

U0279777

"十四五"普通高等教育本科部委级规划教材

三维动画短片

设计与制作

SANWEI DONGHUA DUANPIAN SHEJI YU ZHIZUO

刘志强　戚大为　韩美英　主编

中国纺织出版社有限公司

副主编

冯冬梅　马舒　秦立兵　梁彦　梅蕾

目　录

第一章　Maya 动画基础知识

知识目标：了解 Maya 界面和一些命令面板的认知

　　　　　了解 Maya 基础操作和一些快捷命令

　　　　　掌握 Maya 关键帧的知识与记录关键帧的概念

能力目标：掌握 Maya 分通道设置关键帧的方法

本章重点：掌握 Maya 关键帧与时间线的认知与设置关键帧的方法

本章难点：熟练掌握 Maya 设置关键帧的方法

第一节　Maya 界面认识

在三维动画短片设计与制作这门课程中，需要掌握三维动画软件——Autodesk Maya 的动画制作模块，如图 1-1 所示。Autodesk Maya（简称 Maya）是目前主流的三维动画制作软件，它被广泛用于影视节目、动画、游戏等行业之中。

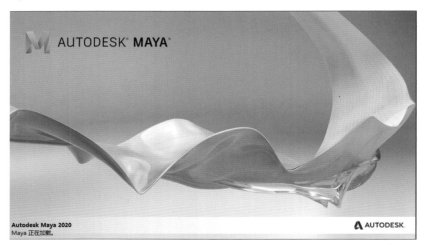

图 1-1　Autodesk Maya 动画制作模块

如图 1-2 所示，Maya 和一些二维软件有所不同，它的界面比较复杂、命令很多、图标丰富。

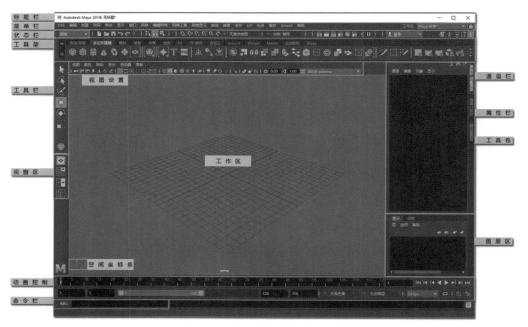

图 1-2　Maya 界面

关于 Maya 的界面认识，需要重点掌握 Maya 的界面构成，理解其面板设置的原则。

一、标题栏

标题栏处于界面最上方，在标题栏里提示的是软件版本和当前打开的文档名称，如图 1-3 所示。

图 1-3　标题栏

二、菜单栏

标题栏下方是菜单栏，菜单栏放置了 Maya 所有的命令集合，如图 1-4 所示。

图 1-4　菜单栏

三、状态栏

菜单栏下方是状态栏，状态栏最左侧是模块选择。需要重点注意的是选择不同的模块后菜单栏就会有相应的变化。不同的模块有不同的菜单命令，如图 1-5 所示。

图 1-5　状态栏

四、工具架

工具架以标签形式放置着 Maya 的常用命令，如图 1-6 所示。还可以通过按下 "Ctrl+Shift" 组合键后点击所需要的命令，将其添加在工具架上。

图 1-6　工具架

五、变换工具

界面最左侧为选择区，需要重点掌握其中的移动工具、旋转工具和缩放工具，如图1-7所示。场景内所有元素的变换操作都需使用这三个工具。它们的快捷键分别是："W"（移动工具）、"E"（旋转工具）、"R"（缩放工具）。

六、视图区

选择区下方是视图区，可以选择单一视图或者四个视图两个命令进行视图的切换，如图1-8所示。同时也可以按"空格"键快速切换视图。

七、大纲视图

大纲视图可以展示当前场景中所有元素，类似图书的目录，在当前场景中所有的元素集中以名称的方式呈现在大纲视图中，如图1-9所示。

图1-7 变换工具

图1-8 视图区

图1-9 大纲视图

八、动画控制区

界面最下方是动画控制区，动画控制区的使用对三维动画制作十分重要，在本课程中将重点学习它，如图1-10所示。

图1-10 动画控制区

九、通道盒和层面板

界面的最右侧上方是通道盒面板，如图1-11所示。通道盒面板里的数据是选中的物体的位置、旋转和缩放参数，参数在动画制作中非常重要。在它的右侧还有几个标签，可以分别打开显示属性面板（也可以使用快捷键"Ctrl+A"）、工具设置和通道盒。在通道盒下面的面板即层面板，如图1-12所示。此模块可以管理场景中的众多元素。

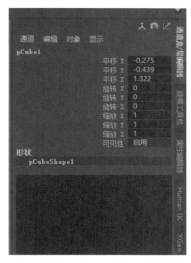

图 1-11 通道盒面板

图 1-12 层面板

十、时间滑块

动画滑块是动画制作环节的重要内容，它可以设置关键帧、显示当前帧和控制动画时间的范围，它还是视图制作过程中的播放控制，拖动时间滑块可以在帧之间快速移动，如图 1-13 所示。

图 1-13 时间滑块

以上即需要掌握的 Maya 界面认识的主要内容，还需进行上机操作，将每个模块内容熟悉。

第二节 Maya 基础操作

一、视图基本操作

Maya 视图是一个单一视图，此视图是默认透视图。不同于一般的二维软件，Maya 的视图是一个虚拟的空间，如图 1-14 所示。

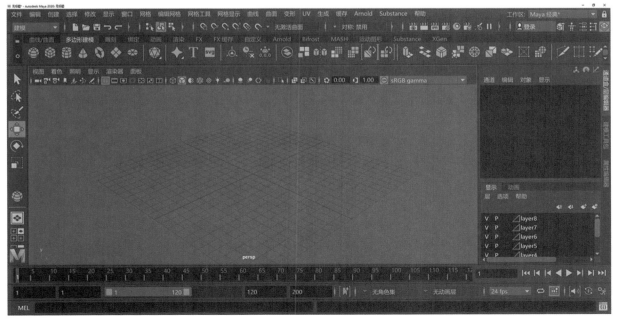

图 1-14 Maya 视图

1. 切换视图

鼠标悬停在当前视图上时，按"空格"键可以将当前视图切换成四视图。如果需要选择某个视图最大化，可将鼠标悬停在此视图上并快速按下"空格"键，这样即可切换该视图。

2. 移动视窗

按住"Alt+鼠标的中键"，移动鼠标即可移动视窗来观察视图中的所有元素，如图1-15（a）所示。

3. 旋转视窗

按住"Alt+鼠标的左键"，移动鼠标即可旋转视窗来观察视图中的所有元素，如图1-15（b）所示。

4. 放缩视窗

按住"Alt+鼠标的右键"，移动鼠标即可缩放视窗来观察视图中的所有元素。如果鼠标中键是滚轮，也可以通过滚动滚轮来缩放视窗，如图1-15（c）所示。

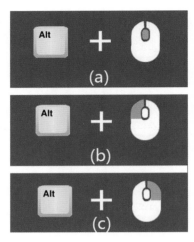

图1-15　组合键

5. 最大化适配视窗

当场景中有很多物体或需要调节一些节点、线或者面的细节，选中需要编辑的内容按"F"键可将所选内容最大化显示在视窗中间这样能更清楚地对内容进行编辑操作。

二、变换操作基础

图1-16　变换操作工具

Maya的操作基础非常重要，不同于二维软件只有简单的平移。三维动画软件和二维软件有一个很大的区别，即工作区的操作。

二维软件一般是模拟一个平面，但三维软件的工作区是一个虚拟的空间。它有 x、y、z 三个轴向，所以三维动画软件的变换操作是一个需要重点学习的内容。

画面左侧工具架上面所呈现的命令即Maya的操作命令。在这个操作命令当中，有三个重点。如图1-16所示，鼠标所指的按钮是移动并选择工具，第二个按钮是旋转并选择工具，第三个是缩放并选择工具，这三个按钮即Maya的变换操作工具。

1. 移动并选择工具

（1）在场景当中创建一个立方体。选择工具架的移动工具并点击鼠标左键，这个按钮被高亮显示以后，说明当前的状态是被选中的命令状态。

（2）观察视图中的物体，可以看到选择了移动并选择工具以后，这个物体上被高亮显示并出现一个有三个方向三种颜色的物体。红色表示 x 轴向，绿色表示 y 轴向，蓝色表示 z 轴向，如图1-17所示。

（3）鼠标左键选中此按钮并把鼠标放置到轴向上，按住左键并移动鼠标可以发现物体也跟随而移动。

（4）将鼠标放置到蓝色的 z 轴向，按住鼠标左键移动，发现

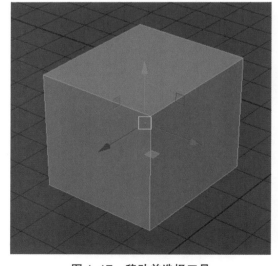

图1-17　移动并选择工具

物体也随之而移动。将鼠标放置在它的中间区域，就可以任意地移动此物体，这就是移动并选择工具的操作。

2. 旋转并选择工具

（1）选中旋转并选择工具以后在物体上出现了旋转的轴向，它同样有三个颜色，红色是 x 轴向，蓝色是 z 轴向，绿色是 y 轴向，如图 1-18 所示。

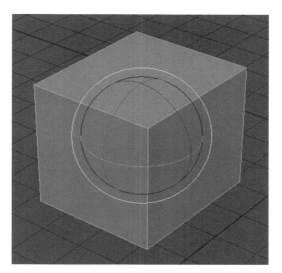

图 1-18　旋转并选择工具

（2）可以通过这三个轴向分别控制物体的旋转。

3. 缩放并选择工具

（1）点击鼠标选中缩放并选择工具，同样它也有三个轴向，且用三种颜色来分别显示，其中，红色是 x 轴向，蓝色是 z 轴向，绿色是 y 轴向，如图 1-19 所示。

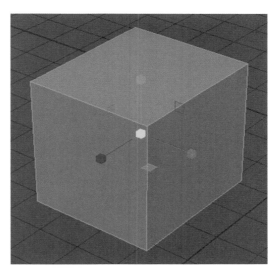

图 1-19　缩放并选择工具

（2）选中其中某个轴向对物体进行放大或缩小，这样的放大或缩小是一种非均匀的放大或缩小。如果把鼠标放置在轴向的中心，就可以对物体进行一个等比例的放大或缩小。

第三节　Maya 时间线

一、时间线基础认识

制作动画之前需要研究 Maya 的动画模块。首先认识一下界面，在 Maya 界面的最下方即动画时间线，如图 1-20 所示。

图 1-20　动画时间线

动画时间线和其他软件的时间线非常相似，和 Flash 的时间概念是一样的。拖拽时间线可以在帧之间快速移动，每个帧数表示的即一格画面，在传统动画当中表示一张画面。

时间线上面的数字表示当前帧的代码，时间线下方有动画的时间滑块，此滑块可以操作时间线长度，如图 1-21 所示。

图 1-21　滑块操作时间线

1. 时间滑块的变换

使用鼠标左键可将滑块左右拖动，以此变换时间线范围。如图 1-22 所示，滑块左边的数据表示起始帧为第 1 帧，右边显示的数据表示总帧数是 120 帧。右边区域显示的 300 帧表示当前时间线的总长度是 300 帧，目前的范围是 120 帧。点击小方块向右侧拖动，可以将范围扩大到 300 帧。在此输入参数可以扩大或缩小时间滑块长度。移动时间滑块可以更好地调节局部或整体。

图 1-22　时间滑块变换

2. 动画播放

界面最右侧区域为播放控制。播放控制与播放设备上的按键概念一样。点击第五个箭头就会自由地播放当前动画，点击第四个箭头可以倒放，点击最后一个按钮可将当前的时间直接进入最后一帧，如图 1-23 所示。

图 1-23　播放工具

二、关键帧操作基础

Maya 的关键帧概念需要被深刻理解，动画的实现需要设置相应的关键帧，在关键帧之间 Maya 会自动插入中间帧以实现动画。

1. Maya 关键帧的创建

（1）先创建一个简单的球体，尝试操控它的动作，用鼠标选中它的变换操作工具，移动、旋转和缩放都可以使它进行简单的动作，但该动作并不被记录。

（2）在 Maya 中想要实现物体动作的记录时，要确定某一个物体的关键帧，此时可使用快捷键"S"键。选择物体后把时间拉到第一帧，此时按下"S"键即可记录关键帧，如图 1-24 所示。

（3）此时在时间线上当前帧显示一条红颜色的线，这说明当前帧是一个关键帧。

（4）观察通道盒面板的右侧，首先看上方的平移、旋转和缩放、可见性，都有一个红颜色的小方框。这表示当前它所有的通道都被记录了关键帧，选中物体，在某一帧上按下"S"键以后，确定关键帧的属性，此时它的关键帧所有通道就都被记录了。

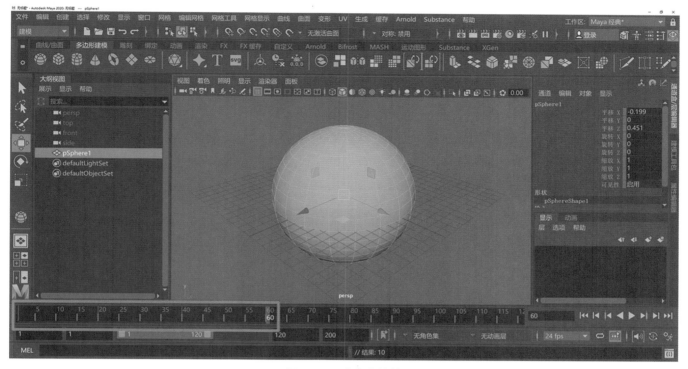

图 1-24　确定关键帧

2. Maya 物体的移动

如何让球体从画面左侧沿着一个方向移动到画面右侧？目前已经创建了第 1 帧，如图 1-25 所示。

（1）首先需调整时间，若希望动作持续时间 1 秒左右，就来到第 25 帧或第 30 帧，因为在动画播放的时候 1 秒钟大约播放 25 帧。

（2）在 30 帧时把物体移动到右边，再点击"S"键，这样第 30 帧就被记录为关键帧。此时点击播放按钮，动画就可以出现了。

（3）再次点击播放按钮可以停止动画，刚刚创建的球体在第 1 帧上确定了关键帧，第 30 帧球体的位置的变化也设置了关键帧，此时 1 和 30 即两个关键帧的位置。中间所有的过渡，即 Maya 软件所设置，如图 1-26 所示。

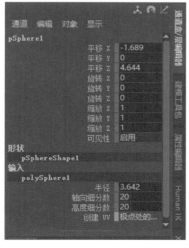

图 1-25　第 1 帧通道

图 1-26　帧数

关键帧的记录是一个非常容易理解的概念，多做一些练习，可以帮助理解关键帧在Maya时间线上的作用。

三、关键帧与时间线

1. Maya 的关键帧与时间线的关系

前面演示了简单的动画位移操作，除了位移以外还有一些其他的关键帧操作。

（1）首先选中物体在第1帧上按下"S"键，再观察一下所有的通道是否都进入了关键帧，把时间调到第20帧左右，移动物体。

（2）按下"S"键动作就会被记录，每次都要先计算时间，然后再去调整动作并按下"S"键记录关键帧。

（3）为了操作简单，Maya提供了自动记录关键帧的按钮。这个按钮开启后可以自动记录关键帧。当按钮为红色状态，说明自动记录关键帧被打开，如图1-27所示。

图 1-27 自动记录关键帧按钮

（4）按钮在红色状态下，即使不按"S"键物体也会自动记录关键帧。当不需要自动记录关键帧的时候，一定要把它关掉，不然按钮在激活的状态下会把所有对物体的操作都记录为关键帧。

（5）如果当前关键帧不想要，点击选中当前关键帧，选中时间线关键帧的右侧，即当前帧，点击鼠标右键会弹出当前帧的操作模块。此时的当前关键帧可以被剪切掉，也可以直接被删除掉。

2. 关键帧的剪切、复制和粘贴

一些帧可以做剪切，剪切的概念即复制，但原始帧消失。被剪切的原始帧可以通过点击右键粘贴到时间线上其他的时间。对于关键帧删除、复制、粘贴等一些基本的操作在动画中会经常使用。调节一个复杂的动作，或者是重复的动作都可以通过复制、粘贴等操作实现。利用好这种操作会很好的节省做动画的时间，提高效率。

（1）按住"shift"键，点击鼠标左键在时间线上移动，此时会出现一个有红色背景的时间线范围，其前后有两个箭头可以移动时间范围，如图1-28所示。点击鼠标左键可取消选择。

图 1-28 选择帧范围

（2）时间范围的主要作用是更换当前帧的位置，比如说将其设置为当前某一帧上，就可以对其进行移动操作。也可以选中它，按住"shift"键后选择用鼠标移动关键帧到其他的位置。

（3）若想让整体的动作稍微快一点，可以向左拖动红色时间线最右侧的小箭头，这样能相对缩小关键帧的时间，反之可以拖动箭头向右以放慢动作。

（4）将当前帧进行复制然后粘贴，不断地粘贴，这个动作就不断地循环。

四、分通道设置关键帧

按快捷键"S"键记录关键帧，但把所有通道都打开了关键帧，都显示红色方框。同时下方基础输入栏的参数也被记录了关键帧，如图 1-29 所示。

下面介绍当有特殊的动画设置在某一个通道上时，如何设置单独地记录关键帧。

（1）首先选择 x 轴向，在 x 轴向上点击鼠标右键选中，观察右键菜单有一些菜单命令，即为所有的设置关键帧。上面为选定项设置关键帧，只有在 x 轴向上能单独记录关键帧并且只有一个平移的属性，其他的都没有设置关键帧。在 x 轴向上到 30 帧，再次设定 x 轴向的关键帧，如图 1-30 所示。

（2）在第 60 帧的 x 轴向上设定一个关键帧，即在 x 轴向上做了一个动画。如果想做旋转，那就可在 60 帧上选择旋转然后转一下，沿着 x 轴向上旋转，然后给它打上关键帧，如图 1-31 所示。

（3）前面关键帧的设置都没有对此轴向产生作用，在第 45 帧上设置旋转动作并设置关键帧。此时可以发现 45 帧到 60 帧除了旋转其他的都没有，即不同通道根据自己动画的需要设置了相应的关键帧。

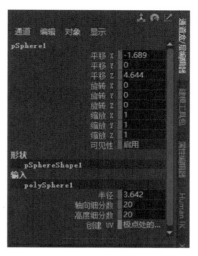

图 1-29　通道栏

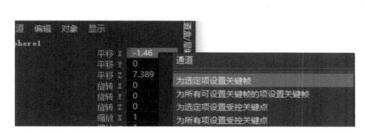

图 1-30　设定 x 轴向关键帧

图 1-31　设置旋转关键帧

第四节　Maya 修改命令

一、删除历史（Delete History）

图 1-32　删除历史

在 Maya 建模的过程中都会产生历史，这些历史是为了模型制作过程的编辑能更方便。但如果模型将要用于动画制作，有这些历史将会很不方便。

用于做动画的模型必须删除历史，将所有模型的历史过程清除，这样才能在动画制作中避免问题。删除历史记录可以加快系统操作的速度，历史记录会占用更多的系统资源，拖慢系统的操作。在对前面操作都肯定的时候，可以删除构建历史。删除历史后，场景的负担变小。但不是所有历史都能删除。

选择模型后点击"编辑菜单—按类型删除—历史"命令，即可删除该模型的历史，如图 1-32 所示。

二、中心枢轴（Center Pivot）

在 Maya 建模的过程中，物体的轴心经常会偏离物体中心。尤其是建立组模的时候，中心在坐标原点会影响动画的设置，所以必须掌握如何调节中心枢轴。

选择模型后点击"修改菜单—中心枢轴"命令，即可将模型的轴心居中，如图 1-33 所示。

如图 1-34 所示，球体的轴心在外面，不在球体自身。使用中心枢轴后，轴心坐标处于球体的中心，如图 1-35 所示。

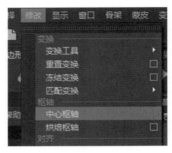

图 1-33　中心枢轴

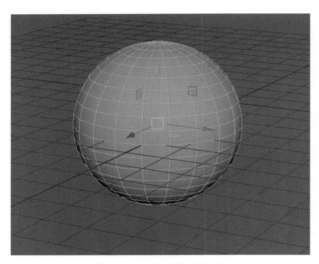

图 1-34　轴心在球体外

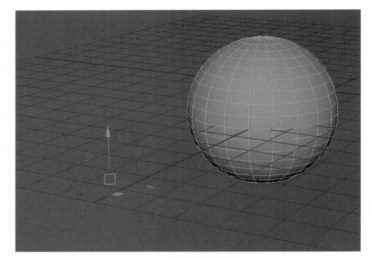

图 1-35　轴心在球体中心

三、冻结变换（Freeze Transformations）

在 Maya 建模的过程中，物体经常会被移动、旋转和缩放，物体通道栏内的基本属性参数通常很乱。因此，使用 Maya 创建模型或者制作动画时，常常需要将通道栏的数据进行"回零"操作，此时需要使用冻结变换操作。

选择模型后点击"修改菜单—冻结变换"命令，即可将模型冻结变换，如图 1-36 所示。

图 1-36　冻结变换

第二章　Maya 曲线编辑器

知识目标：了解 Maya 曲线编辑器

　　　　　了解 Maya 关键帧动画与曲线编辑器的关系

　　　　　掌握 Maya 曲线编辑器中编辑关键帧

　　　　　掌握 Maya 曲线编辑器中编辑曲线

能力目标：掌握 Maya 曲线编辑器中编辑关键帧

本章重点：了解 Maya 曲线编辑器并掌握 Maya 曲线编辑器中编辑曲线

本章难点：熟练掌握 Maya 曲线编辑器的使用方法

第一节　曲线编辑器介绍

一、曲线编辑器基础知识

为获得更逼真的动画效果，需要调节动画的节奏。Maya 默认的两个动画关键帧之间是一种加速或减速的效果，但不是所有动画都有这样的效果，需要使用曲线图编辑器进行修改。

曲线编辑器（Graph Editor）是以图形方式表示场景中各种已设置动画属性的编辑器。已设置动画属性的由称为"动画曲线"的曲线表示。可以在曲线编辑器中编辑动画曲线。

使用曲线编辑器编辑动画曲线的方法如下：

（1）在选中球的情况下，选择"窗口—动画编辑器—曲线编辑器"，如图 2-1 所示。

图 2-1　曲线编辑器

此时曲线编辑器将显示若干条动画曲线，球的每个已设置关键帧的属性对应一条，在左侧会列出球的可设置动画的属性。也就是说曲线编辑器将显示物体选定变换节点的属性，如图 2-2 所示。

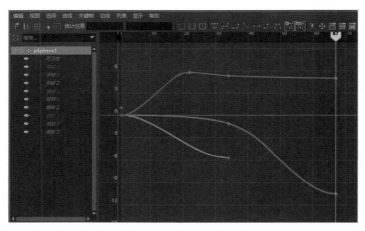

图 2-2　变换节点的属性

每条曲线以图形方式表示在动画期间属性值如何改变。左侧的数字列表示可设置动画的属性值，而底部的数字行表示时间（帧）值。曲线上的每一点可看出在特定时间属性的值。曲线上的黑色小方块表示已设置关键帧的点。

（2）按住"Shift"键并在曲线编辑器左侧列中仅选择"平移 x"和"平移 y"属性。曲线过多会难以分辨特定曲线。使用曲线编辑器时，通常只关注一条或几条曲线。

（3）若要使动画曲线的显示居中，请在曲线编辑器窗口中选择"视图—框显—框显当前选择"。如果需要看到图形的更多细节，使用鼠标推拉和平移图表视图，如图 2-3 所示。

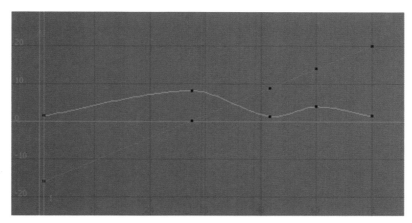

图 2-3　推拉和平移图表示图

（4）绿色曲线表示"平移 y"，红色曲线表示"平移 x"。每条曲线的颜色都与其属性名称相匹配。对于 x、y、z（红、绿、蓝）这种颜色方案在整个 Maya 中都是一致的。

如从未使用过曲线编辑器，会很难理解曲线形状与曲线所表示的动画之间的关系。具有一定的经验后，便可以快速识别曲线形状如何影响动画。

二、曲线类型

在曲线编辑器中，选择"切线—线性"。该操作会将关键帧点周围的曲率从圆滑的更改为有拐角的。即所选择的设置会指定关键帧点切线控制柄放置在该关键帧点处的方式，这将影响关键帧点之间插值的类型，如图 2-4 所示。

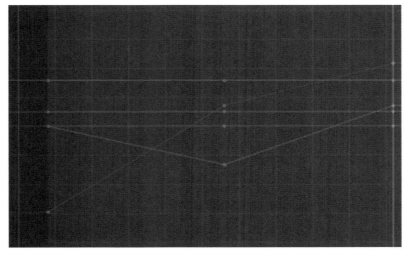

图 2-4　插值的类型

1．自动切线

（1）在曲线编辑器中，选择"切线—自动"后自动切线会根据相邻关键帧值将帧之间的曲线值设定为最大点或最小点。自动切线是新关键帧的默认类型，它在"动画"（Animation）设置首选项中被设定为"默认入切线"（Default in Tangent）和"默认出切线"（Default out Tangent）。

（2）指定自动切线时，创建第一个关键帧和最后一个关键帧之间具有平坦切线的动画曲线，且帧数不会超过相邻关键帧值。这类曲线可以防止穿透紧密的已设置动画的对象时，出现使用其他切线类型（如样条线）的问题。

2．样条线切线

在曲线编辑器中，选择"切线—样条线"如图2-5所示。

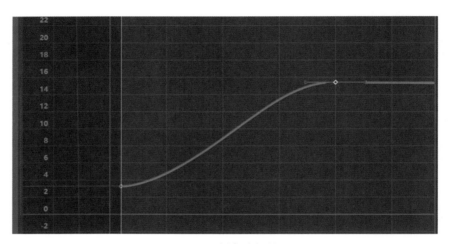

图2-5　样条线切线

（1）指定样条线切线，将选定关键帧之前和之后的关键帧之间创建一条平滑的动画曲线。曲线的切线共线（均位于相同的角度中），这样可确保动画曲线平滑地进入和退出关键帧。

（2）流体移动设置动画时，样条线切线是很好的开始位置，可以使用最少的关键帧以达到所需的外观。

3．钳制切线

在曲线编辑器中，选择"切线—钳制"。系统将创建具有线性特征的动画曲线，如图2-6所示。

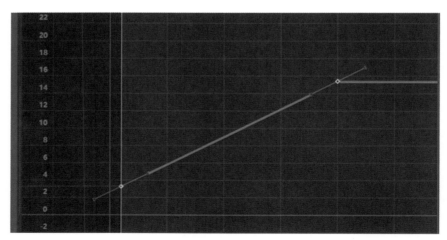

图2-6　钳制切线

除非两个相邻关键帧的值十分接近，否则关键帧的切线将为样条线。在这种情况下，第一个关键帧的出切线和第二个关键帧的入切线将作为线性插值。

4. 阶跃切线

在曲线编辑器中，选择"切线—阶跃"。指定阶跃切线时，系统将创建其出切线为平坦曲线的动画曲线，如图 2-7 所示。

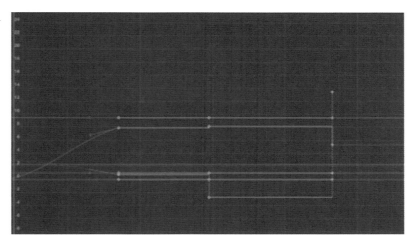

图 2-7 阶跃切线

（1）由于曲线分段为平坦（水平），因此该值将在每个关键帧中更改且不会出现层次。若要创建类似于闪光灯的效果，则需使用阶跃切线。

（2）想要所有关键帧均像具有阶跃切线一样能快速预览动画，可在"时间滑块"上单击鼠标右键，然后切换"启用阶跃预览"选项。

（3）启用"启用阶跃预览"，播放动画可以在对象碰到每个关键帧时快速查看这些对象的位置。

（4）禁用"启用阶跃预览"，曲线将返回到其原始切线类型。

三、前方无限和后方无限

"曲线"菜单项可处理整个动画曲线，动画曲线将推到该曲线第一个关键帧和最后一个关键帧的外部。除非将前方和后方无限控制设定为除恒定以外的任何值，否则第一个关键帧之前和最后一个关键帧之后的"曲线"将会平坦（值不会随时间更改）。可以使用这些选项自动生成特定的重复动画类型。

如果要创建可编辑的重复性或循环性动画，则可以在已启用"无限"时烘焙通道。"前方"和"后方"设置将定义该曲线的第一个关键帧之前和之后的动画曲线行为。

1. 循环

循环设置可将动画曲线作为副本无限重复，如图 2-8 所示。

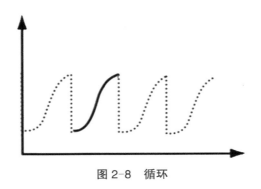

图 2-8 循环

2. 带偏移的循环

除了将已循环曲线的最后一个关键帧值附加到第一个关键帧的原始曲线值以外，带偏移的循环设置还可无限重复动画曲线，如图2-9所示。

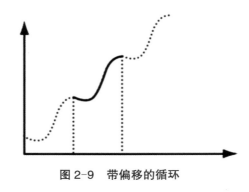

图2-9　带偏移的循环

3. 往返

往返设置通过在每次循环中反转动画曲线的值和形状来重复该曲线，从而创建向后和向前替代的效果，如图2-10所示。

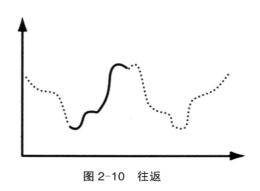

图2-10　往返

4. 线性

线性设置将使用第一个关键帧的切线信息外推其值。它可无限投影线性曲线，如图2-11所示。

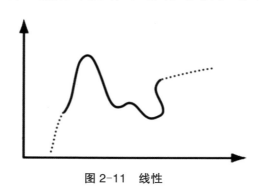

图2-11　线性

第二节　关键帧动画和曲线图编辑器

一、关键帧动画

通过曲线图编辑器可以使用关键帧和动画曲线的可视表示形式编辑动画。动画曲线可用于显示关键帧（表示为点）在时间和空间中的移动方式。每个关键帧均具有切线，可以控制动画曲线分段如何进入和退出关键帧。

曲线图编辑器可用作场景视图中的一个面板或一个独立窗口。若要将曲线图编辑器放置在场景视图中，请选择要在其中显示曲线图编辑器的场景视图，然后选择"面板—面板—曲线图编辑器"。

若要将曲线图编辑器作为独立窗口打开，请选择"窗口—动画编辑器—曲线图编辑器"。

曲线图编辑器仅适用于关键帧和动画曲线，因此某些类型的动画在此处将不可查看。在曲线图编辑器中，"表达式"和"反向运动学"不可编辑。

1. Euler 角度过滤

将运动捕捉数据作为动画曲线导入 Maya 中时，如果将旋转值限制为特定范围，可能会损坏这些曲线。可以通过过滤这些曲线来纠正该损坏问题。

Euler 角度使用三个单独的向量（x 轴、y 轴和 z 轴）计算旋转插值。

在曲线图编辑器中，选择损坏的动画曲线，然后选择"曲线—Euler 过滤器"。过滤始终应用到整个曲线，而不是某段时间内选定的曲线分段。

2. 四元数旋转

四元数使用四个向量计算旋转插值，这样可以防止使用 Euler 角度插值时偶尔遇到的万向锁定和翻转问题。对于想要使用 Euler 插值的情况，Maya 还支持 Euler 角度插值。

四元数曲线是同步的，这意味着 x、y、z 轴向曲线上用于确定旋转的关键帧会在时间方向上同时保持锁定状态。在一条曲线上添加、删除或移动关键帧时，也会在相关曲线上更新相应的关键帧。这样可以避免在仅从其中一个轴向上删除关键帧时，或在时间方向上单独移动顶点时可能发生的意外插值问题。

Maya 还有一个用于创建"同步 Euler"角度曲线的选项。在该模式下，关键帧会同时锁定在四元数模式下，但关键帧之间的插值会处于 Euler 角度模式下。

可以使用曲线图编辑器和"摄影表"中的"曲线—更改旋转插值"菜单更改现有曲线的旋转插值类型。不管旋转是四元数还是 Euler 角度，"通道盒"都会显示 Euler 角度值。

3. 在曲线图编辑器中设置 IK/FK 关键帧曲线

使用"设置 IK/FK 关键帧"在 IK 和 FK 之间（反之亦然）设置动画时，曲线图编辑器会将 IK 控制柄及其关节的动画曲线显示为一部分实线和一部分虚线。

例如，当显示 IK 控制柄的"平移 x""平移 y"或"平移 z"通道的动画曲线时，该曲线在"IK 融合"为 1.000 时显示为实线，在"IK 融合"为 0.000 时显示为虚线。换句话说，实线显示的是 IK 控制柄控制关节链动画的位置，虚线显示的是 FK（设定关键帧的关节旋转）控制动画的位置，如图 2-12 所示。

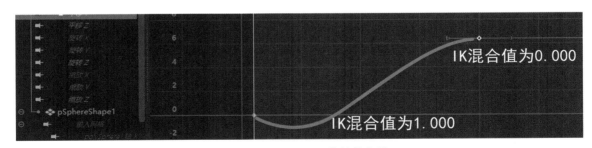

图 2-12 设置 IK/FK 关键帧曲线

直接设置"IK 融合"属性动画不会导致 IK/FK 融合曲线显示为实线和虚线。仅当使用"设置 IK/FK 关键帧"设置动画通道关键帧时，IK/FK 融合曲线才在曲线视图中显示为实线和虚线。

二、设定关键帧

移动对象，然后按"S"键在时间滑块上设置关键帧，如图 2-13 所示。

图 2-13 设置关键帧

1. 设置关键帧

（1）选择具有要设置关键帧的属性。

（2）选择"关键帧—设置关键帧"或按"S"键。

（3）将基于设置关键帧选项设置关键帧。

提示：每次调整时间滑块上的时间和移动对象时，可以使用"自动关键帧"
按钮自动设置关键帧，如图 2-14 所示。

2. 设置关键帧选项

图 2-14 "自动关键帧"按钮

选择"关键帧— 设置关键帧"。此时将显示"设置关键帧选项"窗口。

三、剪切关键帧

剪切关键帧就是将关键帧复制到关键帧剪贴板，然后删除它们。将包含多个动画曲线的关键帧剪切和粘贴到多个属性时，要特别注意它们的选择顺序，因为这将影响粘贴的顺序。

从"曲线图编辑器"或"摄影表"中的多个属性剪切关键帧时，从各自编辑器的大纲视图（而不是视图区域）选择属性。

（1）选择"关键帧—剪切"，然后设置所需的"剪切关键帧"选项。有关详细信息，请参见"关键帧"菜单。

（2）若要选择多个关键帧，可按住"Shift"键并在"时间滑块"中的关键帧范围内进行拖动。该范围内的关键帧现已选中，并显示为红色。

（3）如果启用"剪切关键帧"选项中的"时间范围"—"全部"，当前对象的所有关键帧都将被剪切。如果启用"剪切关键帧"选项中的"时间范围"—"开始／结束"，则只有指定"开始"和"结束"时间之间的关键帧才会被剪切。如果启用"剪切关键帧"选项中的"时间范围"—"时间滑块"，则只有范围滑块的"开始"和"结束"时间之间的关键帧才会被剪切。

（4）按住"Shift＋S"组合键的同时单击鼠标左键，从显示的标记菜单中选择"剪切关键帧"。

四、复制粘贴关键帧

1. 复制并粘贴单个关键帧

（1）单击"时间滑块"中的关键帧。当前时间指示器将移动到单击的位置，且该关键帧现已选定。

（2）单击鼠标右键，然后从显示的菜单中选择"复制"。

（3）选择"关键帧—复制"。

（4）单击"时间滑块"。

（5）"当前时间指示器"将移动到单击的位置。

2. 另一种复制关键帧方式

（1）单击鼠标右键并从显示的菜单中选择"复制—粘贴"。

（2）从关键帧菜单中选择"关键帧—粘贴"。

（3）按住"Shift+S"组合键的同时单击并从显示的标记菜单中选择"粘贴关键帧"。

3. 复制粘贴多个关键帧

（1）按住"Shift"键并在"时间滑块"中的关键帧范围上拖动。

（2）现在已选中的关键帧范围显示为红色。

（3）单击鼠标右键，然后从显示的菜单中选择"复制"。

（4）选择"关键帧—复制"。

（5）按住"Shift"键并在"时间滑块"中将所需粘贴的关键帧添加到需要替换或与其合并的关键帧范围上。

（6）单击鼠标右键，并从显示的菜单中选择"复制—粘贴"。

（7）从关键帧菜单中选择"关键帧—粘贴"。

（8）按住"Shift+S"组合键的同时单击并从显示的标记菜单中选择"粘贴关键帧"。

五、复制曲线中关键帧

1. 复制曲线中的关键帧并粘贴到同一曲线

（1）在场景视图中，选择要复制和粘贴关键帧的动画对象。

（2）在曲线图编辑器的大纲视图中，选择要复制关键帧的特定通道，并按"F"键以在视图中框显曲线。选定通道的曲线将出现在曲线图编辑器的当前视图中。

（3）选择要复制的关键帧，然后按"Ctrl + C"组合键。在粘贴之前，请务必单击曲线视图。

（4）在曲线图编辑器的曲线视图中，将当前时间指示器移动到要粘贴已复制关键帧的时间。

（5）若要查看粘贴关键帧选项，请在曲线图编辑器菜单栏中选择"编辑 —粘贴"设置面板 。

（6）如果需要在当前时间覆盖任何关键帧，请在"粘贴关键帧选项"中启用"选定关键帧会覆盖指定时间范围"，如图 2-15 所示。

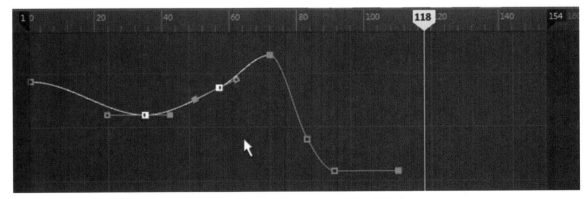

图 2-15 复制关键帧粘贴到同一曲线

2. 同时复制曲线中的关键帧并将其粘贴到另一对象的不同曲线中

（1）在场景视图中，选择要复制和粘贴关键帧的动画对象。确保已在该对象上创建关键帧，因此相应通道将显示在曲线图编辑器的大纲视图中。

（2）在曲线图编辑器的大纲视图中，选择该对象和要复制关键帧的特定通道。

（3）选择要复制的关键帧，然后按"Ctrl + C"组合键。

（4）在曲线图编辑器的大纲视图中，选择新对象和要粘贴已复制关键帧的特定通道，并按"F"键以在视图中框显曲线。

（5）选定通道的曲线将出现在曲线图编辑器的当前视图中。

（6）单击曲线图编辑器的曲线视图，然后按"Ctrl+V"组合键。

（7）单击曲线图编辑器菜单栏，然后选择"编辑—粘贴"以查看粘贴关键帧选项窗口。选择与已复制关键帧的计时匹配的"时间范围"，并选择"粘贴方法"。如果需要覆盖指定时间范围中的任何关键帧，请启用"选定关键帧会覆盖指定时间范围"。

（8）单击"粘贴"，如图2-16所示。

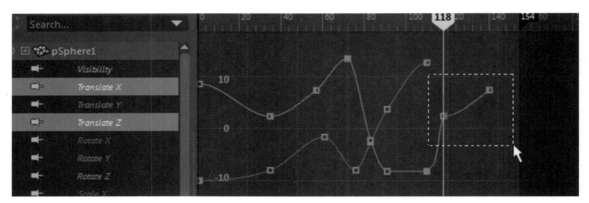

图2-16　复制关键帧粘贴另一对象的不同曲线中

3.同时复制曲线中关键帧并粘贴到另一对象的不同曲线

（1）在场景视图中，选择要复制和粘贴关键帧的动画对象。确保已在该对象上创建关键帧，因此相应通道将显示在曲线图编辑器的大纲视图中。

（2）在曲线图编辑器的大纲视图中，选择该对象和要复制关键帧的特定通道。

（3）选择要复制的关键帧，然后按"Ctrl+C"组合键。

（4）在曲线图编辑器的大纲视图中，选择新对象和要粘贴已复制关键帧的特定通道，并按"F"键以在视图中框显曲线。

（5）选定通道的曲线将出现在曲线图编辑器的当前视图中。

（6）单击曲线图编辑器的曲线视图，然后按"Ctrl+V"组合键。

（7）单击曲线图编辑器菜单栏，然后选择"编辑—粘贴"以查看粘贴关键帧选项窗口。选择与已复制关键帧的计时匹配的"时间范围"，并选择"粘贴方法"。如果需要覆盖指定时间范围中的任何关键帧，请启用"选定关键帧会覆盖指定时间范围"。

（8）单击"粘贴"，如图2-17所示。

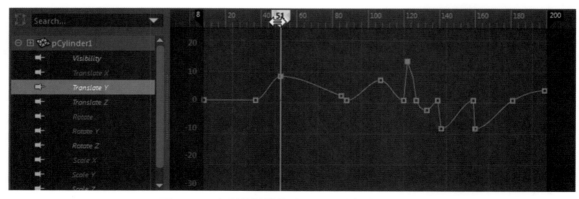

图2-17　复制关键帧粘贴到另一对象的不同曲线

4.复制某一对象内多条曲线中的多个关键帧并将其粘贴到另一对象的多条曲线中

（1）在场景视图中，选择要复制和粘贴关键帧的动画对象。

（2）在曲线图编辑器的大纲视图中，在按住"Ctrl"键的同时单击要从中复制关键帧的对象的通道，并按"F"键以在视图中框显曲线。

（3）选定通道的曲线将出现在曲线图编辑器的曲线视图中。

（4）选择要复制的关键帧，然后按"Ctrl+C"组合键。

（5）在曲线图编辑器的大纲视图中，在按住"Ctrl"键的同时单击要粘贴已复制关键帧的对象的通道，并按"F"键以在视图中框显曲线。

（6）选定通道的曲线将出现在曲线图编辑器的曲线视图中。单击曲线视图，然后按"Ctrl+V"组合键。

（7）在曲线图编辑器菜单栏中，选择"编辑—粘贴"以打开粘贴关键帧选项。

（8）选择"时间范围"，然后选择"合并粘贴方法"。

（9）如果需要覆盖指定时间范围中的任何关键帧，请启用"选定关键帧会覆盖指定时间范围"，如图 2-18 所示。

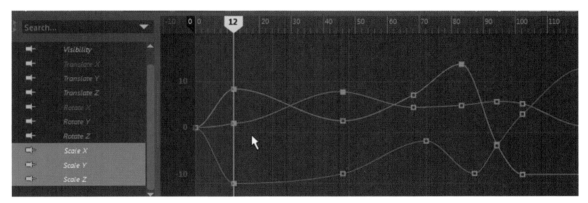

图 2-18 复制多条曲线中的多个关键帧粘贴到另一对象的多条曲线中

第三节 编辑曲线

一、添加或删除关键帧

1. 曲线添加关键帧

（1）在曲线图编辑器中，选择该曲线。

（2）从工具栏中选择"插入关键帧"（Insert Keys）工具 。

（3）从菜单栏中选择"关键帧—添加关键帧"工具或"关键帧—插入关键帧"工具。

（4）拖动选择曲线，然后单击鼠标中键以在曲线上添加新的关键帧，如图 2-19 所示。

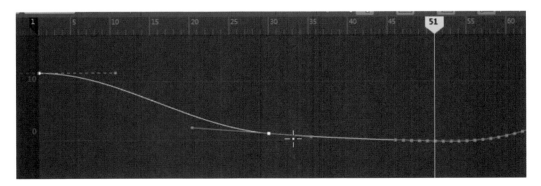

图 2-19 曲线添加关键帧

（5）添加到曲线的所有关键帧都将具有与相邻关键帧相同的切线类型，以保持原始动画曲线分段的形状。一旦将关键帧添加到当前动画曲线，则可以选择关键帧并调整其设置。

2. 动画曲线中删除关键帧

在曲线图编辑器中，选择要删除的关键帧并按"Delete"键，或者在该关键帧上单击鼠标右键，然后从显示的弹出菜单中选择"编辑—删除"。

二、编辑被引用文件中的动画曲线

在"文件引用"首选项中，启用"允许编辑引用的动画曲线"选项。启用该首选项后，可以按照与编辑任何其他曲线相同的方式来编辑引用的曲线。如果"现代曲线图编辑器"中引用了动画曲线，则此曲线将以具有黑色锁定关键帧的暗淡颜色（40% 的原始曲线颜色）显示。如图 2-20 所示，（a）为被引用，已锁定；（b）为被引用，已解除锁定。

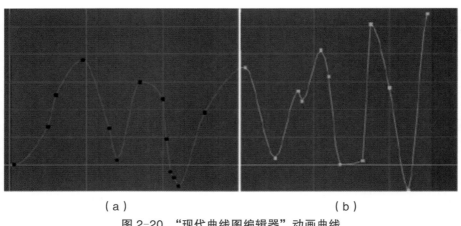

（a）　　　　　　　　　　　　　　（b）

图 2-20　"现代曲线图编辑器"动画曲线

如果在"经典曲线图编辑器"中引用了动画曲线，则此曲线将显示为带有黑色锁定关键帧的虚线。如图 2-21 所示，（a）为被引用，已锁定；（b）为被引用，已解除锁定。

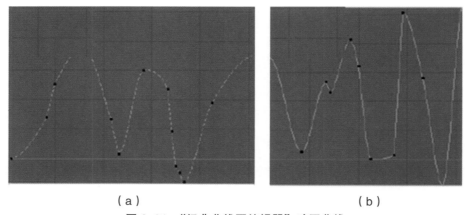

（a）　　　　　　　　　　　　　　（b）

图 2-21　"经典曲线图编辑器"动画曲线

编辑引用的曲线的方法如下：

（1）在编辑引用的曲线时，所有编辑操作都将存储在文件中的引用节点中，并可以将其导出为".editMB"或"editMA"引用编辑文件。该文件还可以被指定给另一个场景以传播引用编辑。

（2）在保存引用编辑之前，可以在"引用编辑"窗口中查看和删除编辑。

（3）若要打开"引用编辑"窗口，请在"大纲视图"中的引用节点上单击鼠标右键，然后选择"引用—列出编辑"。

（4）当在曲线图编辑器中修改引用的动画曲线时，也可使用"缓冲区曲线"选项比较引用的曲线和结果动画。

三、晶格操纵器操纵曲线

（1）从曲线图编辑器工具栏中选择"晶格变形关键帧工具"。

（2）从"工具设置"窗口中设置"晶格变形关键帧工具"选项。

（3）在要变形的曲线上选择关键帧以定义目标曲线区域。此时，晶格会显示在曲线视图中，晶格围绕选定的关键帧形成了一个边界框。

（4）选择要操纵的晶格点、晶格边或晶格单元（单击它们即可），如图 2-22 所示。

（5）按住"Shift"键并单击晶格点，将其包含在所需选择中或从选择中移除。一次最多可以选择一条晶格边或一个晶格单元。

（6）对于晶格边、晶格单元或单个晶格点，拖动它们可使目标曲线区域变形，如图 2-23 所示。

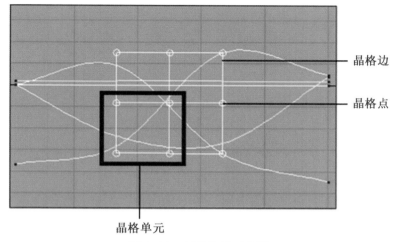

晶格边

晶格点

晶格单元

图 2-22 晶格变形操作器

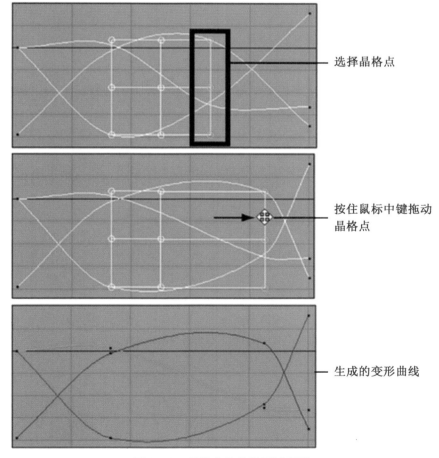

选择晶格点

按住鼠标中键拖动晶格点

生成的变形曲线

图 2-23 晶格点的曲线区域变形

（7）对于晶格点组，按鼠标中键并拖动可使目标曲线区域变形，如图2-24所示。

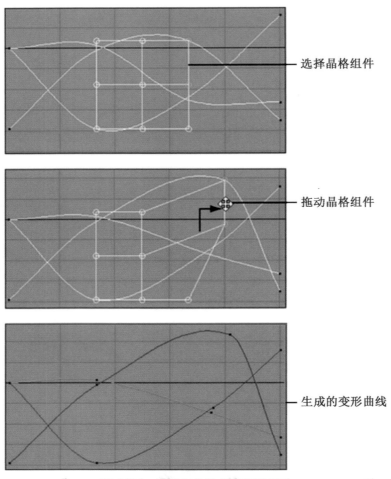

图 2-24　晶格组件的曲线区域变形

（8）如果要缩放晶格区域，请启用"晶格变形关键帧工具"中的"中键缩放"选项，然后按鼠标中键并拖动以缩放选定的晶格区域，如图2-25所示。缩放晶格会使受影响的曲线变形。

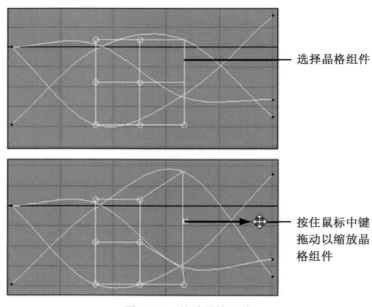

图 2-25　缩放晶格区域

（9）可以使用"晶格变形关键帧工具"，将位于单个（水平或垂直）图表视图轴中的关键帧变形。使用"晶格变形关键帧工具"使沿着单个轴的关键帧变形时，选择某行（垂直）或某列（水平）中的一个晶格点就会选中该行或该列中的所有点，如图 2-26 所示。

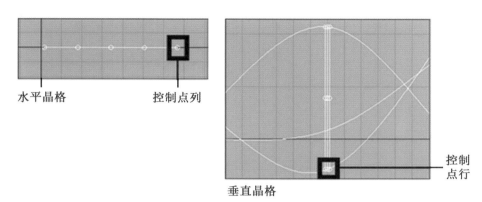

图 2-26　单个轴的关键帧变形

如果在水平晶格上选择晶格控制点，则选定点所在的列中的所有晶格点也会被激活。并非所有选定的晶格点都是可见的，具体取决于曲线图编辑器中的当前推拉视图比例。选定晶格点是否可见不影响该工具的运行。

第三章　Maya 动画基础应用与实践

知识目标： 了解 Maya 关键帧应用

了解 Maya 不同通道关键帧应用

掌握 Maya 参数设置关键帧

能力目标： 掌握 Maya 关键帧的概念与应用

本章重点： 了解 Maya 关键帧设置

本章难点： 通过关键帧动画体现物体重量感

第一节　关键帧应用

一、分通道设置关键帧

记录关键帧的快捷键是"S"键，但是按住它会把所有的通道都记录为关键帧，此时通道栏上会有提示，即每一个通道上都是红色的小方框时表示该通道为关键帧，如图 3-1 所示。

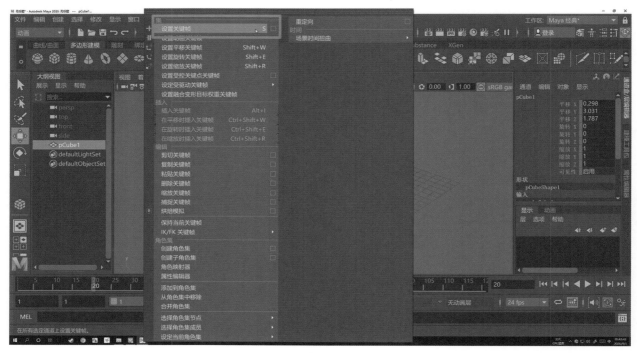

图 3-1 "S"键记录关键帧

此通道栏下方，基础输入栏的参数也被记录了关键帧。此为"S"键的一个特点，如图 3-2 所示。

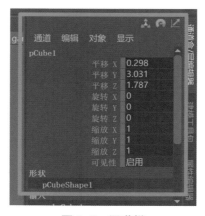

图 3-2 通道栏

通道单独记录关键帧的方法：

（1）选择 x 轴向，在 x 轴向上点鼠标的右键，并观察右键菜单提示。为选定项设置关键帧，可以发现只有 x 轴向单独记录了关键帧，且只有一个平移的属性，其余没有设置关键帧。在 x 轴向上的 30 帧再次设定 x 轴向的关键帧，如图 3-3 所示。

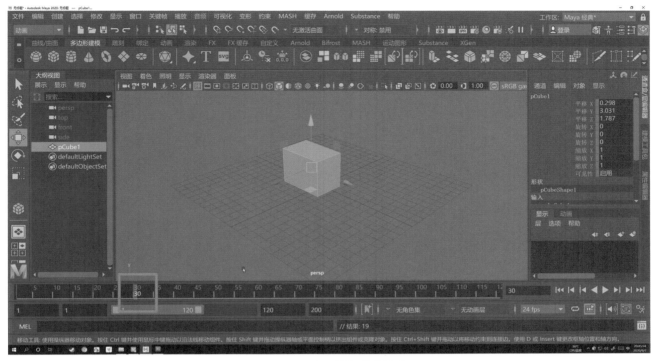

图 3-3　设定 x 轴向的关键帧

（2）在 x 轴向第 60 帧再设定一个关键帧。这样动作不变，即都是在 x 轴向上做了一个动画，如图 3-4 所示。

图 3-4　为平移 x 设置关键帧

（3）在 x 轴向第 60 帧上加旋转动作，打上关键帧。此时可发现前面的关键帧设置都没有对此轴向产生影响。所以此动作只有在 60 帧上做了关键帧的操作。

（4）在 45 帧到 67 帧旋转，其余不动。45 帧上设置动作确定设置关键帧，如图 3-5 所示。

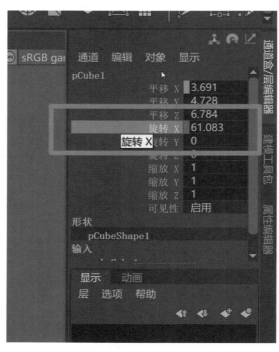

图 3-5　为旋转 x 设置关键帧

此时发现第 45 帧到第 60 帧只有旋转，按照此方法可以在这些不同的通道上根据自己的动画需要来设置相应的关键帧，如图 3-6 所示。

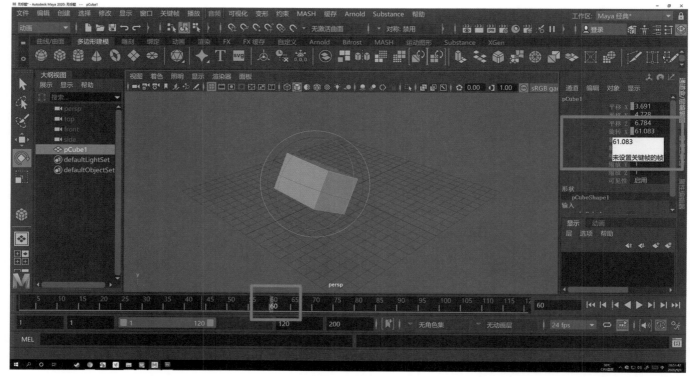

图 3-6　设置相应关键帧

二、属性参数关键帧

除了移动、旋转和缩放，其实很多的参数都可以被记录关键帧。具体方法如下：

（1）创建一个球体，它的通道栏输入通道下面有一些基本的参数，如图 3-7 所示。

图 3-7　球体基本参数

（2）这个球体的半径值、轴向的细分值和高度的细分值都可以被记录为关键帧，如图 3-8 所示。

图 3-8　球体半径值、轴向的细分值和高度的细分值

（3）全选以下通道后点右键设置关键帧，在第10帧使它速度加快。把半径值设定为半径变大，即球体变大，细分值和高度细分值减少，如图3-9所示。

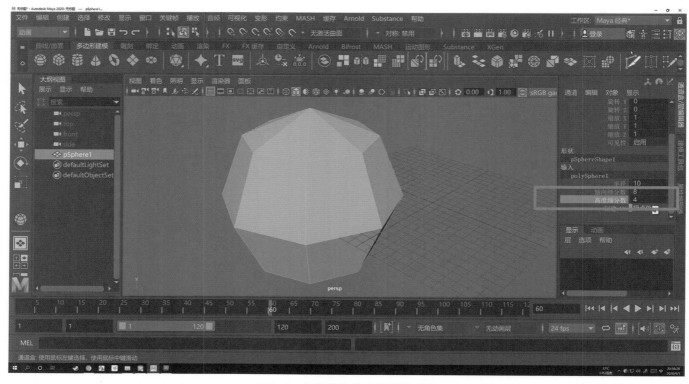

图3-9　细分值和高度细分值减少

（4）当前的参数并没有自动记录关键帧，这时显示粉红色。点右键确定关键帧，拨动时间滑块，动画即创建。

（5）创建一个圆柱体，把相应的数据设定关键帧，拖动时间滑块，如图3-10所示。

图3-10　创建圆柱体设置参数

（6）设置参数，降低半径高度，数据变少并设定关键帧。点击播放，类似于运动图形的动画设计，都是用一些基本的几何形体创建不同的动画，如图 3-11 所示。

图 3-11 再次设置参数

（7）创建圆环体并在第 1 帧记录关键帧，30 帧做出粗细变化（参数减少）。单击鼠标右键确定关键帧，点击播放，如图 3-12、图 3-13 所示。

图 3-12 第一帧记录关键帧

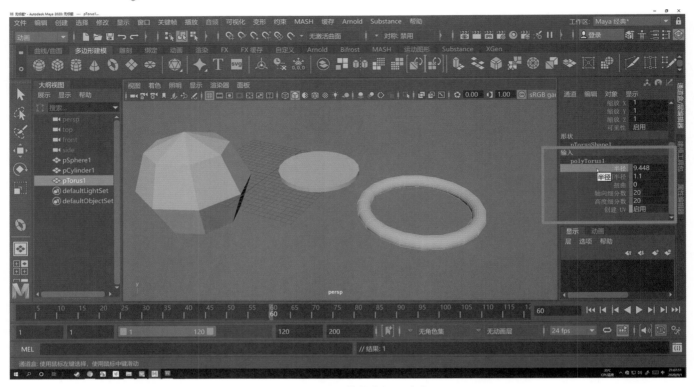

图 3-13　圆环体做出粗细变化

（8）不做移动、旋转和缩放，动画也可以有非线性的设置，如想让球体有一些跳动的动作可以进行平移 y 轴向，设置关键帧。如到 15 帧将物体抬高一些，设置关键帧；25 帧落下，设置关键帧。这样球体不仅有自身的动画，还可以有一个跳动，如图 3-14 所示。

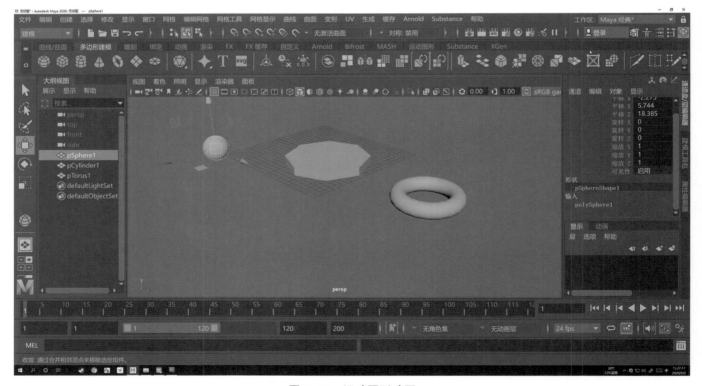

图 3-14　运动图形动画

（9）来到编辑菜单进行复制，然后选择特殊复制后面的设置面板，如图3-15所示。

需要注意的是，进入设置面板默认时它是一个普通的处置，如果想要带有这些信息，要选择它的实例复制方式。即在Maya当中，对于其他的基本属性的参数，也可以设置动画。

第二节 关键帧应用实例

一、创建模型

1. 风扇叶片模型的制作

（1）首先需要建立风扇的叶片模型。创建一个长方体，增加细分参数。然后调整顶点，通过顶点调节将模型调节到接近叶片模型的形状，如图3-16、图3-17所示。

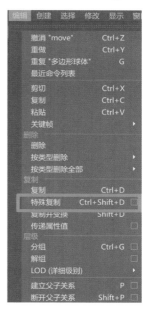

图 3-15 特殊复制

图 3-16 创建长方体

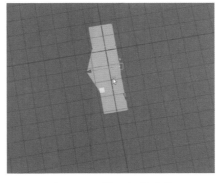

图 3-17 增加细分参数

（2）模型细节不够时，打开"网格工具"，选择"插入循环边"，选择顶点调节至叶片模型制作完成，如图 3-18～图 3-20 所示。假如有 3 个叶片就可以按"Ctrl+D"组合键复制模型然后旋转。此时默认的轴心不在物体中心，设置轴心的话可以按"Insert"键调节位置。也可按"D"键设置轴心，如图 3-21、图 3-22 所示。

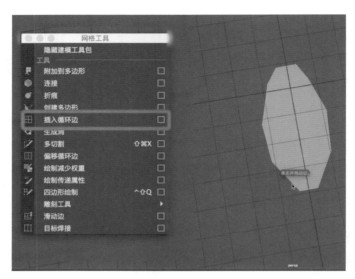

图 3-18　插入循环边

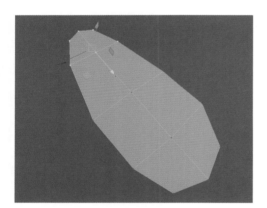

图 3-19　调节顶点

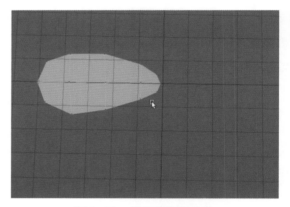

图 3-20　复制模型后旋转

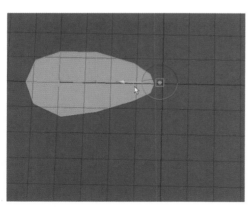

图 3-21　移动轴心

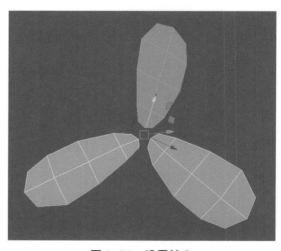

图 3-22　设置轴心

（3）接下来再添加一个风扇的轴。创建一个圆柱体。修改相关参数。然后将端面上的面取消，便于选面。

2. "父子"关系的创建

（1）多个物体就需要建立模型的"父子"关系，将 3 个叶片作为子物体链接给轴心物体。可以先选择叶片模型，最后选择轴心物体，按"P"键即可建立"父子"关系。

（2）通过大纲视图检查"父子"关系是否正确。打开大纲视图，可以看到大纲视图相当于一本书的目录。场景里面各种类型的物体在这里面形成一个列表。

（3）检查大纲视图之中"父子"关系。如 3 个叶片模型在轴心模型的下方，说明创建的"父子"关系是正确的。

（4）若需要取消"父子"关系，按住鼠标中键并把叶片目录往外拖到空白处。这样，物体在大纲视图同一层级的"父子"关系就取消了。

3. 风扇支架模型的制作

（1）创建电扇支架模型，首先创建圆柱体。打开输入栏，将它端面的细分参数去掉，如图 3-23 所示。

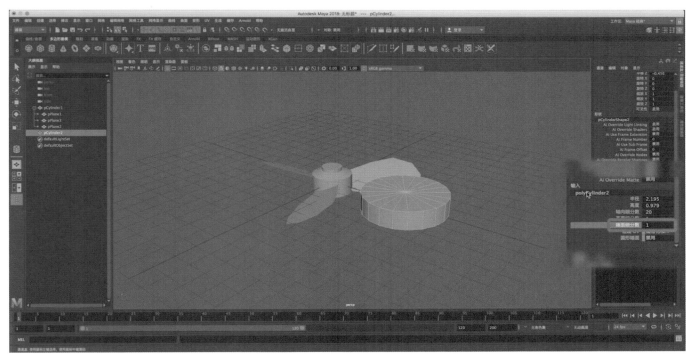

图 3-23　去掉端面细分参数

（2）选择面，选择编辑网格菜单，弹出菜单命令后选择挤出，如图 3-24 所示。

（3）模型缩小，继续挤出风扇支架，如图 3-25、图 3-26 所示。

（4）继续创建一个圆柱体，注意其直径尺寸，如图 3-27 所示。

（5）减少新创建圆柱体的端面参数并设置旋转。旋转一定在它的轴心操作，不要随意旋转。

（6）把创建出来的圆柱体沿着蓝色 z 轴向旋转。或者在通道栏里面让 z 轴向旋转 90°。然后沿着 x 轴向和 y 轴向移动模型，最后对模型进行细化，如图 3-28、图 3-29 所示。

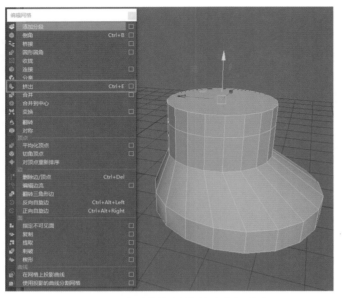

图 3-24　在编辑网络菜单中选择挤出

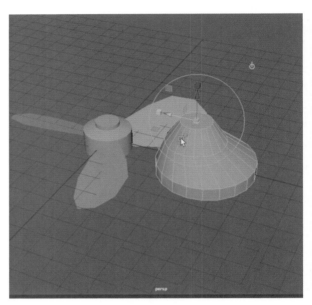

图 3-25　挤出风扇支架 1

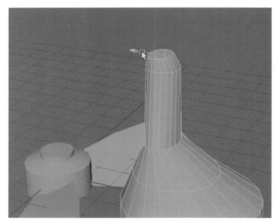

图 3-26　挤出风扇支架 2

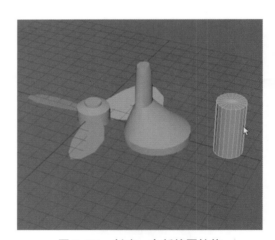

图 3-27　创建一个新的圆柱体

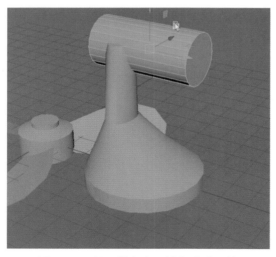

图 3-28　沿 x 轴向和 y 轴向移动物体

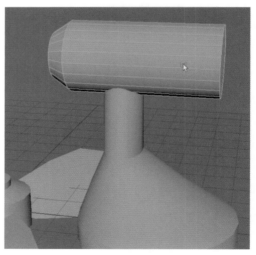

图 3-29　细化模型

4.风扇开关制作

（1）创建一个立方体，然后"插入循环边"使中间凹下去，优化按钮模型如图 3-30 所示。

（2）调整物体轴心，轴心可以手动设置，也可以快速对齐，在修改菜单选择居中枢轴，轴心就到按钮中间了，如图 3-31 所示。

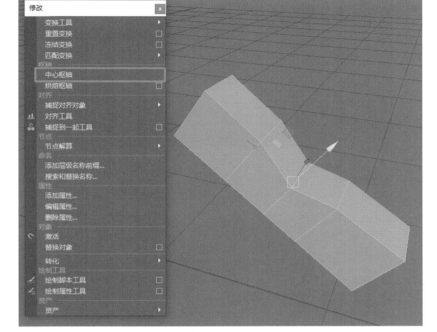

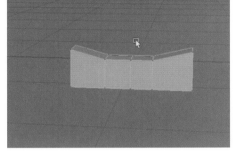

图 3-30 优化按钮模型　　　　　　　　　　　　　图 3-31 居中枢轴

（3）最后编辑开关设置到它应处于的位置，如图 3-32 所示。

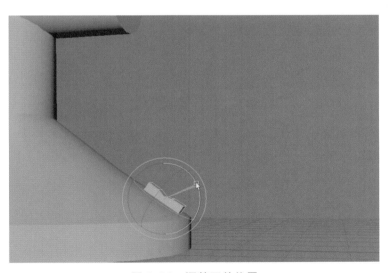

图 3-32 调整开关位置

（4）移动风扇叶片至支架处，为了方便可以把轴向换成世界轴向。刚才轴心方向是物体方向即物体自身的朝向，换成了世界轴就和世界坐标中心一致。

（5）切换轴心，可双击一下移动工具。在此轴向上，换成"对象"的或者"世界"的是最常用的，如图 3-33 所示。

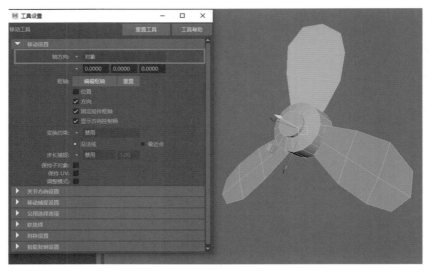

图 3-33　切换轴心

（6）此物体是有倾斜角度的，使用"世界轴心"的话轴心方向将不一致。换成对象模式轴心将沿着物体自身轴向运动，如图 3-34 所示。

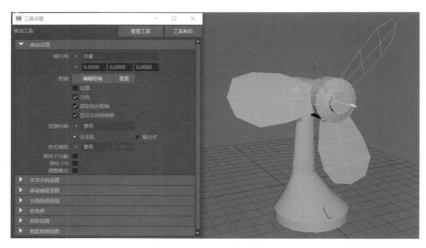

图 3-34　对象模式轴心

在这个创建模型过程当中，为了表现这个动画，需要注意两个问题，一是需要设置"父子"关系，可使用快捷键"P"键来创建"父子"关系，二是需注意物体轴心问题，要设置适当的轴心方向。即在建模和调整的过程中，要注意世界坐标轴和对象坐标轴的切换，不同的坐标轴有不同的应用。

二、制作动画

1. 制作风扇叶片旋转的动画

（1）选中中间模型作为父级物体，在约束的当前轴向上旋转（红色代表 x 轴向，蓝色代表 z 轴向，绿色代表 y 轴向）。当在某一个轴向上旋转，可在通道栏面板观察相应轴向风扇的转动情况，再设计它们的"父子"关系，如图 3-35 所示。

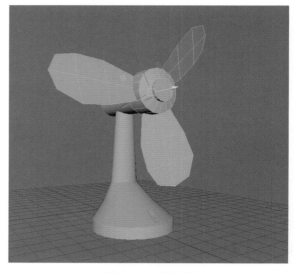

图 3-35　父物体

（2）叶片跟随模型旋转。选中轴体并按"Shift"键加选模型，按下"P"键建立"父子"关系，如图3-36所示。

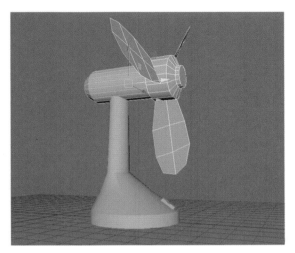

图 3-36　加选模型

（3）测试旋转效果时，转动轴心和基座不对应，如图3-37所示。

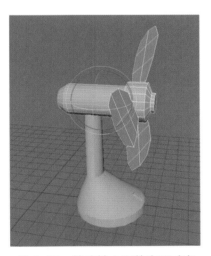

图 3-37　转动轴心和基座不对应

（4）按"4"键来到顶视图，进入线框模式会发现轴心位置不对应，按下"D"键移动轴心，如图3-38所示。

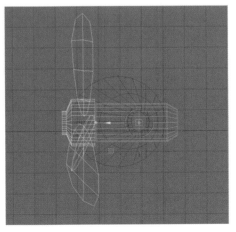

图 3-38　鼠标左键拖动轴心位置

2.制作开关的动画

（1）在第1帧上选取开关并确定关键帧，并在第15帧按下"S"键确定关键帧给动画停顿时间，如图3-39、图3-40所示。

图 3-39　选中开关

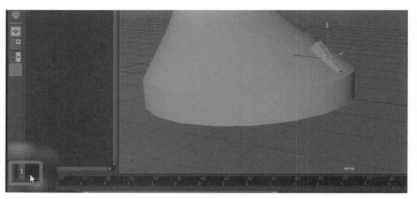

图 3-40　按下"S"键

（2）在第30帧按下开关并设置关键帧，如图3-41所示。

图 3-41　设置关键帧

3.制作风扇摇头的动画

需要注意的是第1帧因为开关没开，所以动画是从30帧开始。

（1）选中扇轴，在30帧确定关键帧，如图3-42所示。

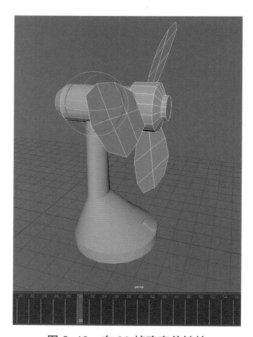

图 3-42　在30帧确定关键帧

（2）在75帧旋转轴心并确定关键帧，选择播放动画，会发现电扇开始摇头。

（3）在 120 帧将电扇转回，即完成摇头的动画，如图 3-43 所示。

图 3-43　在 120 帧转回电扇

（4）若需要表现连续的旋转，则需要设置更多的旋转次数。可在通道盒面板里面输入参数，这样风扇叶片的动画就能够实现多次的旋转，如图 3-44 所示。

图 3-44　播放并检查动画

第三节　曲线编辑应用实例

一、基础设置

在 Maya 的曲线编辑器里，动画的帧数和数值均在编辑窗口中以曲线显示。这不仅提供了直观的编辑模式，还为调整动画提供了非常方便实用的编辑手段。动画曲线编辑器是动画中最重要的一个工具，基本上绝大部分的动画工作都要通过动画曲线编辑器来完成，所以如何使用曲线编辑器是至关重要的。

1. 创建物体

（1）创建一个物体，在时间线上按"S"键记录关键帧，同时为了动画记录的方便，把界面右下角的"自动记录动画"命令激活。拖动动画时间滑块到第 60 帧，调节物体的移动，这样就创建了物体的位移动画，如图 3-45 ～图 3-47 所示。

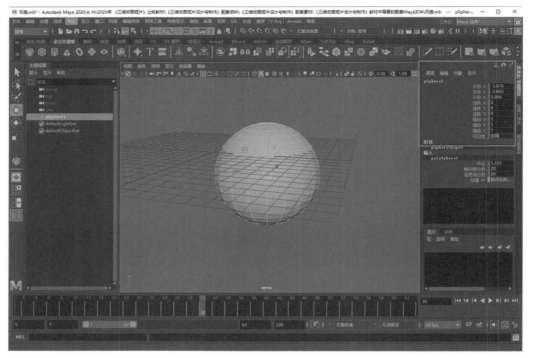

图 3-45　通道盒面板被记录

图 3-46　自动记录动画按钮

图 3-47　时间线第 60 帧

（2）播放动画，反复观察可以发现位移动画先是由慢变快，在动作结束的时候又由快变慢。这个节奏即 Maya 的默认动作节奏——"加速减速运动"或者叫作"缓进缓出"的动画效果，如图 3-48 所示。有时在复杂的角色动画中需要这个默认效果，所以这个预设是很方便的动画效果。

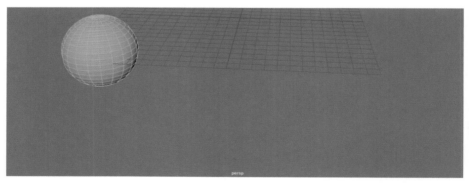

图 3-48　加速减速运动

2. 调节动画效果

（1）打开窗口菜单—动画编辑器—曲线编辑器，此时出现的浮动面板即曲线编辑器。面板里是空的，一定要选中模型并且这个模型是有动画记录的，这样在面板中才能出现曲线。

（2）曲线编辑器面板的左边区域是列表，里面是选中的物体的各通道属性。右边是曲线编辑面板，里面有关键帧和曲线。黄色的滑块是时间线滑块，拨动它可以实现关键帧播放。另外也可以在左边的列表中单独选择某个通道，如图 3-49 所示。

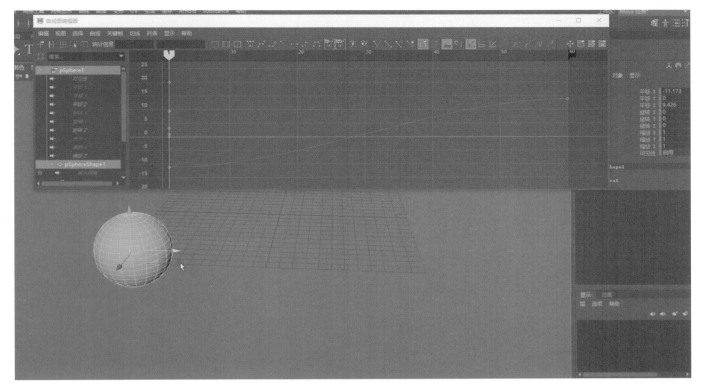

图 3-49　圆球曲线编辑器

（3）播放动画时，通过观察曲线编辑器上的关键帧和曲线。可以发现关键帧之间的曲线形式是贝塞尔曲线。贝塞尔曲线上有对称的调节杆，调节杆可以调节曲线的曲率，从而调节整个线条的形状，如图 3-50 所示。

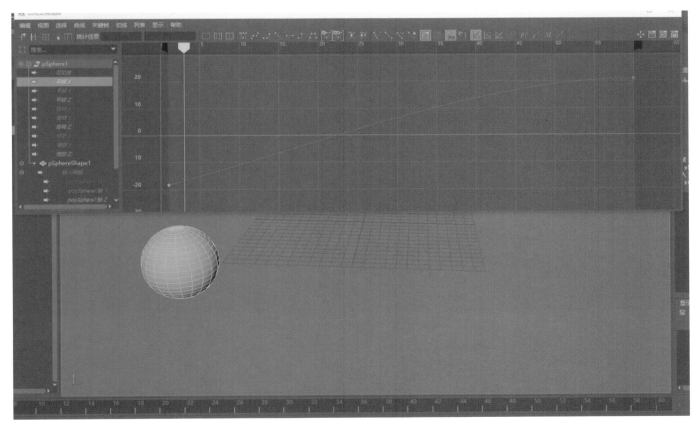

图 3-50　调节贝塞尔曲线调节杆使曲线变直

（4）观察发现1到5帧的曲线状态是比较平的，第5帧之后的曲线被快速地提起，并且保持比较直的状态。等到结尾的第5帧，曲线又恢复到较为平直的形态，这样的曲线形式即目前"缓进缓出"的动画节奏。表现为这个物体运动一开始速度慢接着加速，然后保持匀速，最后减速的动画效果。

（5）参考二维动画的小球弹跳的素材，可以发现小球弹到最高点的时候关键帧较为集中，这时表现出的动画即减速的效果。这样的效果和动画曲线的状态是一样的。

（6）如果不希望动作是"缓进缓出"的动画效果，而是想要匀速的动画。则可以在第1帧上调节贝塞尔调节杆，把曲线调直，再将第60帧的关键帧调直，使得曲线变成直线，如图3-51所示。这时播放动画就发现动画就变成了匀速运动了。还可以尝试自由地调节贝塞尔调节杆，调节成夸张的曲线效果后就可以播出丰富的动画效果。

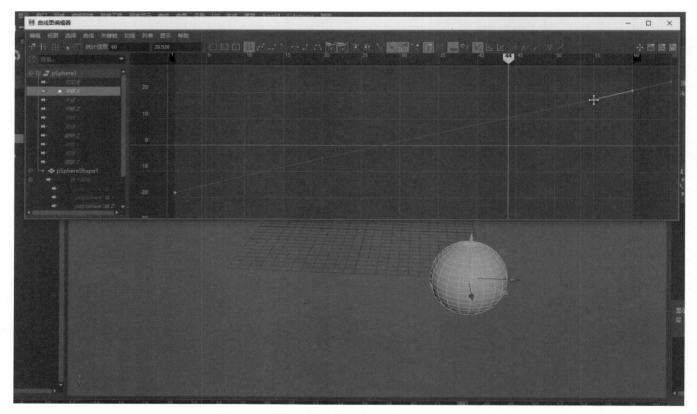

图3-51　第60帧调节贝塞尔调节杆至曲线变直

（7）在动画关键帧很多的情况下，还可以来到曲线编辑器面板最上方，找到"线性"曲线方式按钮，同时选择多个关键帧然后点击"线性"曲线方式按钮，即可快速将曲线变直，得到匀速的动画效果，如图3-52所示。

图3-52　"线性"曲线方式按钮

二、动作设置

1. 制作弹跳的动作

制作小皮球的弹跳是初步动画认知经常会做的重要练习。这个练习虽然简单，但是它包含了三维动画的基础原理。

（1）如图 3-53 所示，想做物体的弹跳动作首先要把球体放在空中，如果它自然落下，到地面后会发生碰撞和弹跳，然后又会落下，并且还要有几次弹跳的循环，接下来的弹跳高度会逐渐减低，最后再达到静止状态。在这个过程中，球体只沿着 y 轴向移动，因此要减少其他轴向的干扰。

（2）如图 3-54 所示，把球体移到一定的高度，按一下"S"键确定关键帧，然后到 30 帧（1 秒钟）的时间，球体落下，按"S"键确定关键帧。注意球体落下时和地面接触的位置。

（3）此时播放会发现球体的运动一开始是慢速，然后到中间段不断加速，最后成为匀速。快到结束的时候球体没有任何的阻力，但变成了减速效果。这个是 Maya 默认曲线的动画效果，如图 3-55 所示。

（4）再次调整球体弹跳动作。

（5）球体默认的加速、减速效果更加明显，继续调整球体弹跳动作设置，并切换到其他视图观察。

（6）再多做几次球体的弹跳，球体弹跳的高度应逐渐减低，用时更少，如图 3-56 所示。

图 3-53　将球体放在空中

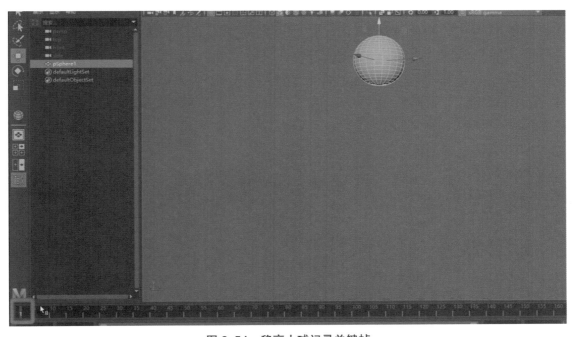

图 3-54　移高小球记录关键帧

图 3-55　Maya 默认曲线动画效果

图 3-56　球体弹跳高度降低，用时减少

2.表现球体落地时碰撞的力度

（1）打开曲线编辑器，所有关键帧的曲线都是默认的贝塞尔曲线，如图3-57所示。

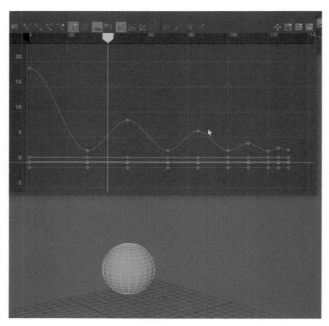

图3-57　动画曲线是贝赛尔曲线

（2）曲线上所有位于下面的关键帧都是球体和地面接触的关键帧，这些关键帧默认的曲线都是平滑曲线，所以动画效果即加速—减速的动态效果。

（3）所有顶端的关键帧也是平滑曲线效果，这些关键帧的动态效果是正确的。

（4）球体弹跳到顶端的时候，由于自身的重力质量还有引力的影响，应该是现在的减速的状态。可以自己拿一个球，如乒乓球，让它不断地弹跳并进行观察。

球体弹跳的过程中和地面接触的关键帧间隔比较大，曲线比较直。弹跳到高点的关键帧比较密集，曲线弯曲且平滑，如图3-58所示。

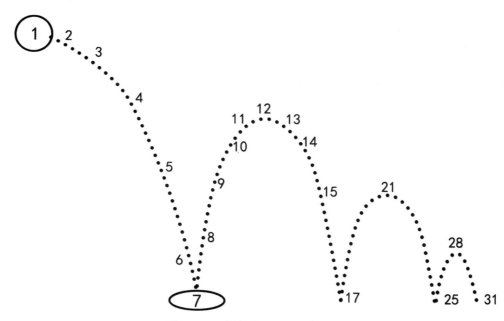

图3-58　球体弹跳路径和关键帧

3. 调节关键帧上的调节杆

（1）默认状态下的调节杆是左右对称的，调节某一端的时候另外一端也跟着变化。

（2）点击此命令可以让的贝塞尔调节杆不对称，如图 3-59 所示。

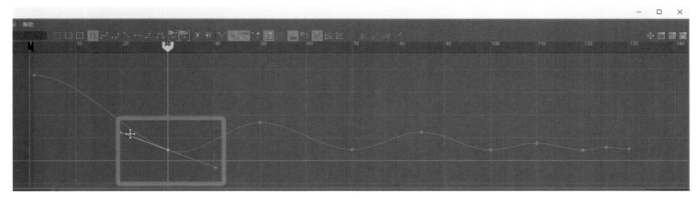

图 3-59　调节贝赛尔调节杆

（3）将当前帧两端的调节杆调节成平直状态，这时球体落下和地面碰撞的动态就是正确的了，最后用同样的方法将其他和地面接触的关键帧都设置成平直状态，如图 3-60 所示。

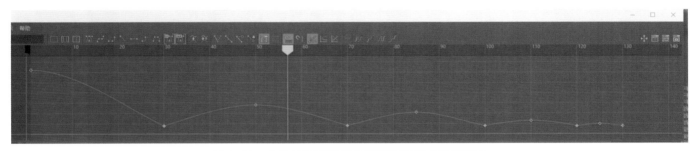

图 3-60　将和地面接触的关键帧都设置成平直状态

（4）关键帧都调整成了平直的曲线状态。如果某个曲线比较平缓，单独选择这一帧，然后按快捷键"F"键，它就会把当前的曲线的最大化。

（5）若动画整体节奏慢，可以整体按住"Shift"键并在时间线上框选所有的动画帧压缩，节奏整体就会加快，如图 3-61 所示。动画的曲线默认是平滑曲线，那么动画即为减速的效果，通过修改动画曲线的状态可以改变物体动作的节奏变化。

图 3-61　框选动画帧

三、物体重量感设置

不同质量物体的重量感体现，需要在 Maya 动画操作里面通过设置关键帧和控制动画时间节奏来完成，不同的关键帧和时间的控制会产生不同的动画的表现，进而体现出不同的物体的重量感。例如，乒乓球的重量较轻，落地弹起幅度比较大，弹跳次数较多；皮球较重，弹力较大，弹跳次数比乒乓球少；铁球质量很重，几乎无弹力。

很多动画里面有主动性的表演和拟人化的动作设计，拟人化动作不能用物理动力学解算。例如，在一个动画广告片里面的小球，它们没有鼻子、眼睛和嘴巴，但它们有主动的表演在里面，如图 3-62 所示。

图 3-62　动画广告

这段表演的角色造型即球体，如果用动力学解算就只有简单的弹跳运动，而没有这种主动性的拟人化表演了。通过的动画设计可以体现出它们不同的重量感，具体方法如下：

（1）选中第一个球体，在第 1 帧记录关键帧，再做几次弹跳周期，在相应的时间和位置记录关键帧。注意最后几次的弹跳周期是越来越短，越来越快。这样第一个小球的弹跳动作就做好了，如图 3-63 所示。

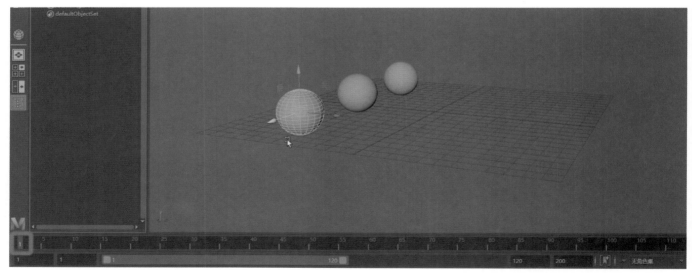

图 3-63　第一个小球的弹跳动作

（2）打开曲线编辑器，选中球体的 y 轴向的曲线，将底部的所有关键帧框选，通过贝塞尔调节杆将曲线调节至平直状态。播放动画进行观察，对不准确的关键帧进行修改，再次播放动画，这时小球的弹跳动作已经很像皮球的重量感，如图 3-64 所示。

（3）接着模拟乒乓球的感觉，在此之前可以找一些视频参考。乒乓球的特点是重量较轻，落地弹起来的幅度比较大，在地面上跳动的次数比较多。

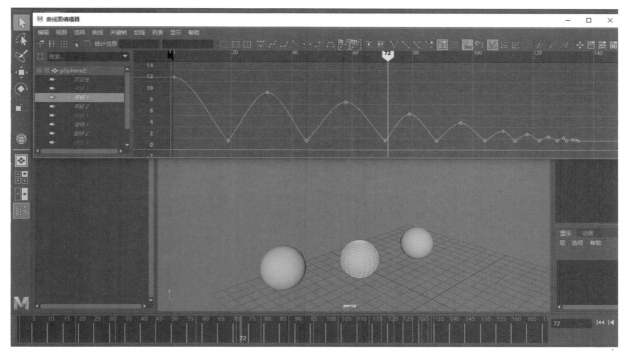

图 3-64 播放动画并修改关键帧

（4）因为乒乓球弹性周期多的特点，最后几次动画周期关键帧密集，可以随时打开曲线编辑器协助调整 y 轴向的高度。

（5）打开曲线编辑器，选择"线性命令"，自动的曲线命令会将选定的关键帧曲线打直。播放动画进行观察，乒乓球动画基本上已经完成。

（6）铁球的物体弹性周期很少，弹性的动作幅度很低。所以需要准确计算好相应的时间，将物体移动到合适的位置上设置关键帧。铁球落下在地上仅会微弹，基本上只弹跳两三下就可以体现出铁球的感觉，如图 3-65 所示。

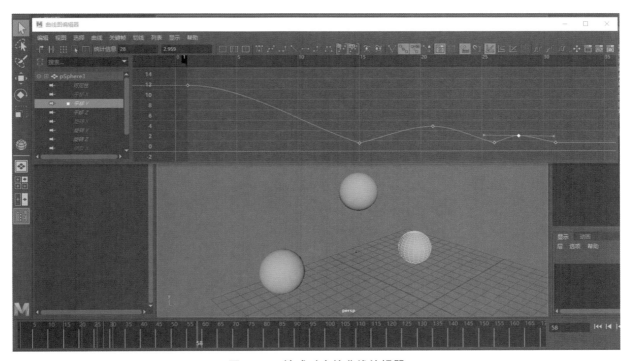

图 3-65 铁球对应的曲线编辑器

通过这三个小球的动画设置，体现出了不同质量物体的运动感觉。同样的物体，在不同时间、不同位置上设置关键帧，就能体现出各类物体的重量感，这种重量感的把握在将来的角色动画制作中非常重要。

四、抛物线运动

掌握Maya曲线编辑器的基本应用并且能通过调整曲线来设置一些动画，体现出物体有不同质量的感觉，在这个基础上继续拓展物体的抛物线运动。抛物线动画不仅有 y 轴向的动画记录，还需要有 x 轴向的动画记录。

（1）首先创建一个球体并在第1帧上创建关键帧，同时打开自动记录关键帧命令。

（2）移动球体位置，在 x 轴向上做出物体模拟抛出动画，如图3-66所示。

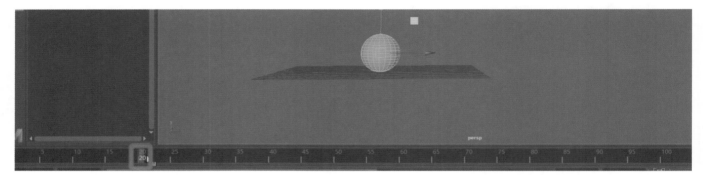

图3-66　模拟抛出动画

（3）打开曲线编辑器，选择 y 轴向底部所有关键帧，点击"线性"的动画命令，打直曲线。

（4）球体被抛出的动画本身应该有旋转的动画效果，但现在这个球并没有转。因为它还没有被设置旋转的关键帧，目前只有平移的关键帧属性被记录。

（5）为了能够看出旋转，打开材质编辑器，或者在窗口打开渲染编辑器。渲染编辑器的子菜单中有一个命令——Hypershade，即Maya的材质编辑器，如图3-67所示。

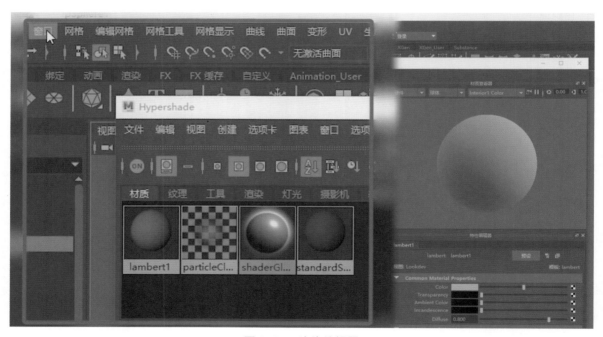

图3-67　渲染编辑器

（6）打开后选择2D纹理里面的棋盘格贴图，创建一个贴图后按鼠标中键选择它，将它拖给球体，如图3-68所示。如果球体上没有出现贴纸，可以按一下快捷键"6"，这样就可以显示出贴图的效果。

（7）在之前的平移关键帧的时间位置设置旋转关键帧。添加旋转动作的时候，可以轴向约束旋转使旋转更加精确，如图 3-69 所示。同时观察通道栏的旋转参数的变化和旋转关键帧的提示。在调节旋转的同时，不断播放观察旋转的角度是否合适，调节好抛物线动画就可以完成了。

图 3-68　棋盘格贴图

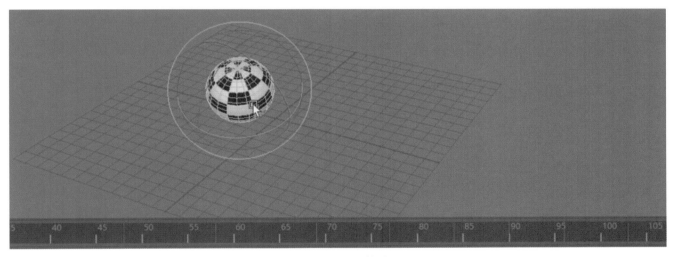

图 3-69　添加旋转动作

五、曲线编辑器综合实践

（1）首先创建一个场景，为了增加动画的难度，利用布尔运算做一个具有弧度的曲面。

（2）创建一个球体，因为这个球体需要有旋转的动画，为了能清楚地看到旋转动作，赋予它一个材质纹理，如图 3-70 所示。

（3）设计动画的主要关键帧位置，动画内容为球体从斜坡滚动下去，然后落到地面弹跳起来又撞击右侧墙面，再次反弹落到地面。从第 1 帧开始记录关键帧，如图 3-71 所示。

（4）做出球体沿着斜坡滑动的关键帧，先做球到达边缘位置的关键帧，如图 3-72 所示。

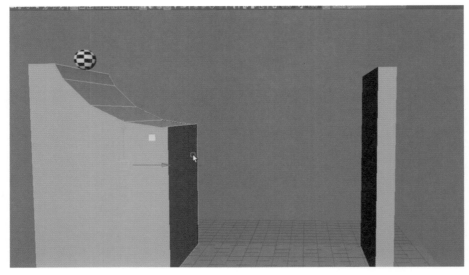

图 3-70　场景图示

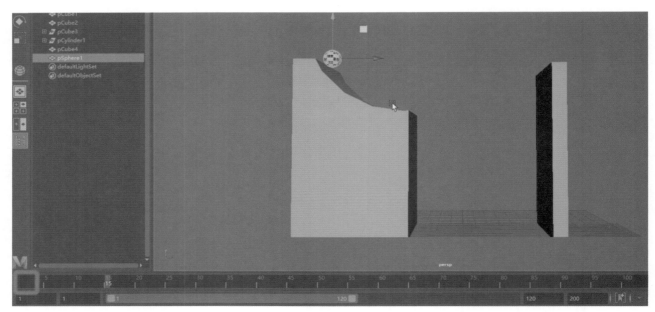

图 3-71　记录第 1 帧关键帧

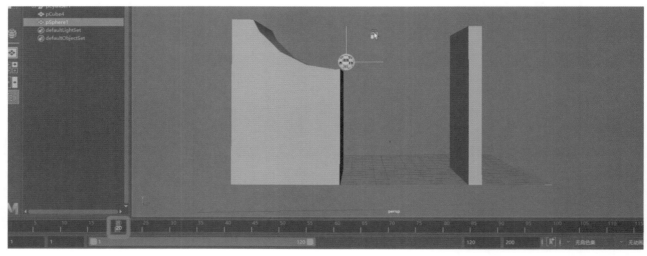

图 3-72　记录球体到达斜坡边缘关键帧

（5）播放动画会发现球没有沿着斜坡滚动，这时候再在中间加上两个关键帧。这样沿着斜坡滚动的动作就有了，可以打开曲线编辑器做一些修正，如图 3-73 所示。

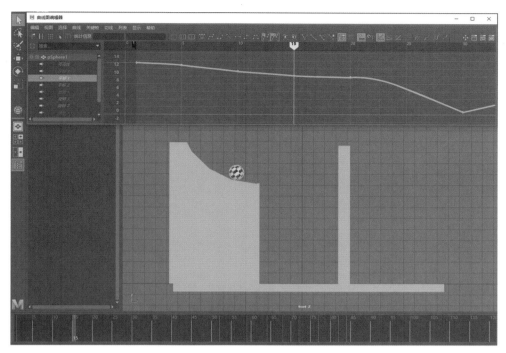

图 3-73　修正球体沿斜坡滚动的动作

（6）小球落到地面发生撞击，弹跳起来又撞击到右侧的墙面。播放动画进行观察，同时打开曲线编辑器修正动画。

（7）球体撞击到右侧墙面后，受反作用力向左侧落下，并且撞击地面引发弹跳动作。弹跳一次以后继续向左侧弹跳，撞击左侧墙面后反弹向右侧弹跳，由于重力作用，球体会逐渐减弱弹跳的动作直至停止。在重要位置设置关键帧，这样小球的所有的位移动作就设置完成，如图 3-74 所示。

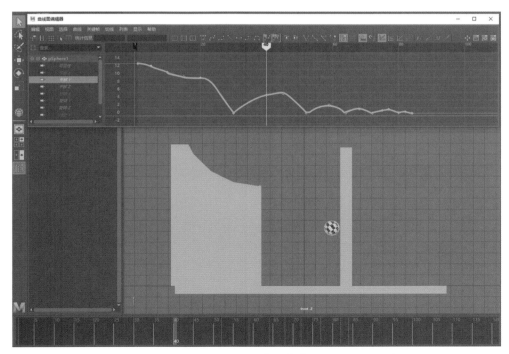

图 3-74　动画完成

（8）接下来设置旋转关键帧，不要参照位移关键帧的数据来做旋转关键帧，只需要在关键位置上记录旋转关键帧，或者在通道栏上修改参数来设置关键帧，同样也可以曲线编辑器中修正旋转的曲线，如图 3-75 所示。

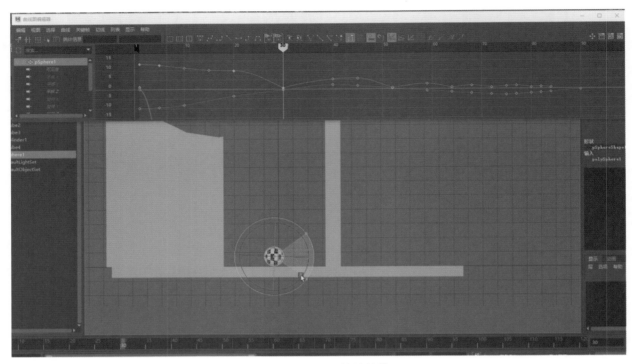

图 3-75　设置旋转关键帧

这里需要注意：小球撞击到墙面后产生的旋转即反向的旋转，在增加旋转关键帧时打开"自动动画记录"来设置关键帧即可。

（9）旋转关键帧设置完成后，播放动画观察效果。如果发现动画不是那么流畅，可在关键帧上重新调整动作。也可以到曲线编辑器中调整曲线，以求得到更加流畅的动画效果，如图 3-76 所示。

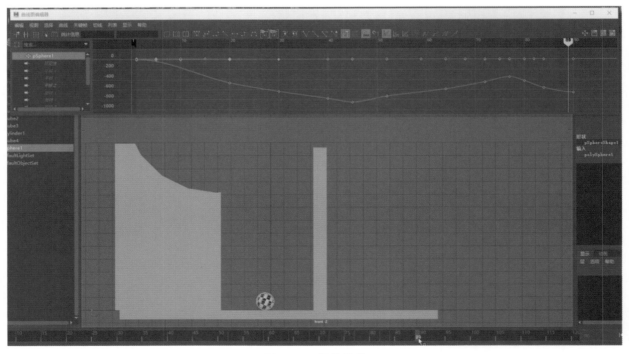

图 3-76　调整曲线

第四章　Maya 动画法则与应用

知识目标： 了解动画十二条法则

掌握挤压与拉升的动画原理

掌握跟随与重叠的动画原理

掌握弧线运动的动画原理

能力目标： 掌握基本动画原理

本章重点： 了解动画十二条法则

本章难点： 通过关键帧动画体现挤压拉升和跟随重叠

第一节　动画法则原理

一、十二条动画法则

十二条动画法则是迪士尼公司总结出来的动画黄金法则，一定要理解和掌握，并将其融入动画的实际运用中。

早期动画角色的动态缺乏真实感，往往无法令观众相信角色的真实性。于是迪士尼动画工作室的动画师们经年累月地研究、观察、讨论而逐渐形成了能够让角色动作真实、生动的动画法则。如今这些法则已是2D、3D专业角色动画师心中的金科玉律，是业余动画师要进入专业领域时要掌握的最基本的专业知识。

1. 挤压与伸展（Squash and Stretch）

自然界中，除了如铁球、石头等刚体外，其他的物体或生命体在与它物碰撞或自行运动时，都多多少少会产生变形的现象，也就是挤压与伸展。借由这种把自然的物理现象夸大的表现，可以得到动画世界中独一无二的趣味性，如图4-1所示。最典形的例子即跳跃的皮球（Bouncing Ball），相同的原理也可以运用在其他角色上，如图4-2所示。

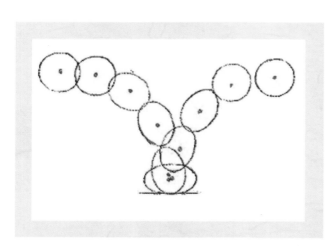

图 4-1　挤压与伸展

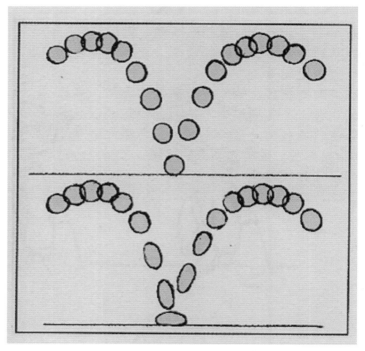

图 4-2　跳跃的皮球

2. 预备动作和缓冲动作（Anticipation & Settle Cushion）

预备动作的用意有两项：一是为了要引起观众的注意，要观众准备好看清楚角色的肢体表演，以免错失了故事情节；二是为了蓄积接下来的动作所需的动能。预备动作的方向往往与主动作方向相反。预备动作不一定夸张，同时也可以细腻，如图 4-3 所示。

图 4-3　预备动作

主动作进行得小或慢时，其预备动作也就小且细腻；主动作进行得大或快时，其预备动作也就相对大且历时较久。

此外，多数动作停止前会有一个舒缓的过程，不会突然停止，这被称为缓冲动作。

3. 表演与呈现方式（Staging）

表演与呈现方式是十二条动画法则中定义最广泛的规则。好的表演布局包含了镜头角度、角色站的位置、肢体表演是否恰当等多项要素。言简意赅地说，好的表演布局要能清楚明确地传达故事中的讯息，如图 4-4 所示。

4. 连续动作和关键动作（Straight ahead Action & Pose to Pose）

连续动作和关键动作是由 2D 手绘动画所定义出来的作业方式。简单来说，连续动作即从头开始一张接着一张地画下去，而关键动作则是先绘出表演中的关键动作，也称为 "Key Pose"。再用 "中割" 的方式把 "Key Pose" 串联起来，如图 4-5 所示。

场景设定
+
角色表演
+
镜头设计

⬇

表演及呈现方式

图 4-4　表演与呈现方式

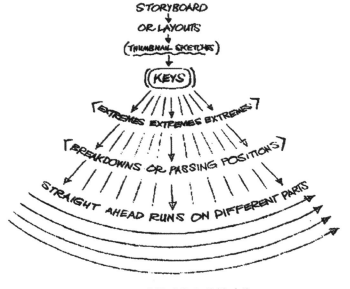

图 4-5　连续动作和关键动作

以 3D 动画制作而言，多半是以关键动作为基础的作业方式，但也因此要特别避免流于生硬的表演动态。

5. 跟随与动作重叠（Follow Through &Overlapping Action）

跟随指的是如角色的耳朵、衣服、毛发等在角色无意识控制下的自然飘动或产生延迟的物理现象。

动作重叠则是指角色肢体各部位在表演动作过程中的时间差。比如说在听到背后召唤的声音时，角色可能会先动眼睛，再转回头，头转到一半时再转动肩膀。

跟随与动作重叠是活化动画角色极其重要的观念，如图 4-6 所示。

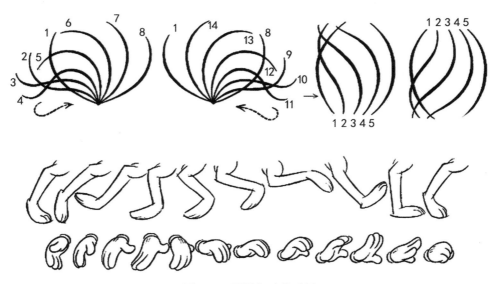

图 4-6　跟随与动作重叠

6. 慢入与慢出（Slow in & Slow out）

在自然界中，无论是生物的动作或其他运动现象都极少有匀速运行的状态，单就人的肢体动作而言，若是保持匀速进行，那角色看起比较像机器人而不像人，如图 4-7 所示。

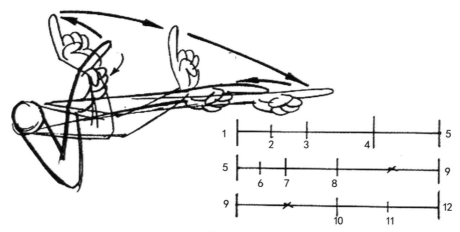

图 4-7　肢体动作的慢入与慢出

在镜头的运作表现上也应该特别着重此原则，可以事先制作速度分配刻度表，如图 4-8 所示。

7. 弧线动作（Arcs）

所有有机生命体的运动都多少会按照弧线的路径方向运动，直线的运动方式看起来更像机器人的运动，如图 4-9 所示。

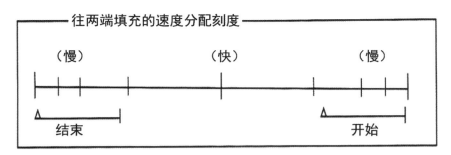

图 4-8　速度分配刻度表

8. 次要表演动作（Secondary Action）

次要表演动作即在主要动作外的有助于表现角色内心状态或角色个性的额外肢体表演动作。比如角色在与他人谈话时手指敲打桌面，这个动作就透露了角色的不耐烦。恰当的次要动作可以使角色更饱满，但切勿使用无意义或抢戏的次要动作。

9. 时间与间距（Timing & Spacing）

时间指的是看起来生动、有趣、自然的速度感，还要考虑动作间的间距是否合适。

动画师经常要问自己："我用了恰当的时间、帧数来表现这个动作了吗？是不是太快了？还是太慢了？"

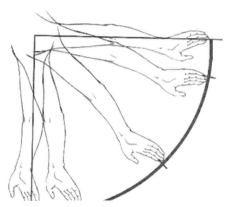

图 4-9　弧线动作

10. 夸张化（Exaggeration）

动画或戏剧表演并非单单反映现实世界，而是汇集了人生中的各种高潮与意外的可能性，有时往往要表现出人生中不可能发生的事。尤其是动画片里角色的肢体表演方式更宽广，细致时可以非常细致，夸张时则可飞天遁地，无所不能。

就一般而言，动画表演更近似早期的默片。制作时可以多参考查理·卓别林（Charlie Chaplin）的默剧电影。

11. 好的角色姿态（Solid Posing）

生动自然的角色姿态是良好表演的要素之一，如图 4-10 所示。

12. 讨喜、引人认同的表演（Appeal）

讨喜、引人认同的表演字面上的意思是有吸引力的、讨人喜欢的，而其在此的意思则是符合角色个性的表演方式。英雄要表现的像英雄，傻瓜要表现的像傻瓜，坏蛋要表现的令人恨之入骨，总之要演什么，像什么。动画角色应该具有吸引观众的独特个性和外表，观众看完角色的表演会不会留下深刻的印象，这往往取决于动画设计师在造形设计上是否有独特之处，例如表情上是否富于变化，动作表现上是不是有活力等一切可以抓住观众目光的元素，如图 4-11 所示。

图 4-10　好的角色姿态

图 4-11 讨喜、引人认同的表演

二、挤压与拉伸

迪士尼十二条动画法则说明动作表演需要柔和细腻，其中挤压和拉伸是一个非常重要的原则，在练习小球弹跳动画制作时可以体会这个原则。

（1）在相应的时间上做出一个向右侧连续跳动的小球动画，做好动作之后设置关键帧，如图 4-12 所示。打开曲线编辑器修正，将底部的关键帧曲线都修改成直线状态，播放动画可以看出小球弹跳动作完成，如图 4-13 所示。

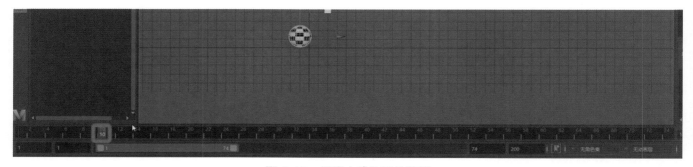

图 4-12 设置小球位置关键帧

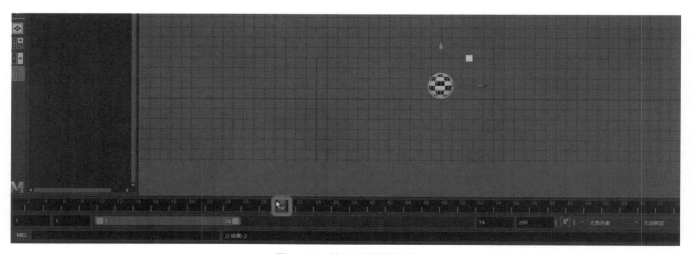

图 4-13 修正关键帧曲线

（2）另外可将 x 轴向的曲线调直，x 轴向上的中间帧可以删除。

（3）记录第 10 帧左右两侧的关键帧，在第 10 帧压扁球体，在第 9 帧将球体拉伸，再调整角度。此时拉伸的动态出现，并且撞击地面时的球体出现压扁的形态。

（4）如不需要一开始就有拉伸的状态，可在第 11 帧上拉伸球体并调整角度。这样带有挤压和拉伸的弹跳的小球的动态效果就出来了，如图 4-14 所示。

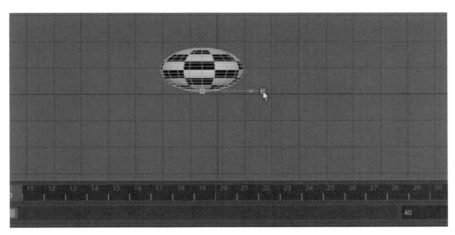

图 4-14　挤压和拉伸效果

三、跟随与重叠

通常跟随与重叠是一起发生的，生活中有很多动作都有跟随和重叠的特点。比如人们身上穿的衣服、挂着的配件和飘逸的头发。在动画制作中也会经常运用跟随和重叠原则。重叠是指主次物体错开产生的重叠，即角色在做动作时，帽子末端柔软的部分暂时做了相反的运动，这个部分就是重叠的。跟随运动是当角色动作停止时候，帽子末端的运动还没停止并且向前继续运动，这样就产生了跟随运动。

跟随和重叠是生活中经常发生的现象，比如车上的一些附属物品，当车辆静止时候所有物体都是静止的。当车辆开启，车辆向前运动，但是附属物体暂时保留在原来的位置，这时即重叠状态。当车辆向前继续运动，物体也跟随而动。当车辆停止时，跟随物体都还未停止继续向前运动，即产生了跟随效果，如图 4-15 所示。

图 4-15　跟随和重叠

我们可以通过制作摆锤动画来理解跟随和重叠。

（1）选择控制器来移动摆锤，如图4-16所示。此物体为"父子"链接关系，它的操作方式为旋转。长方体下面几节为"父子"关系，在大纲视图中可以分别选择。当选择旋转父物体控制时，长方体以下物体可以跟随而动，如图4-17所示。

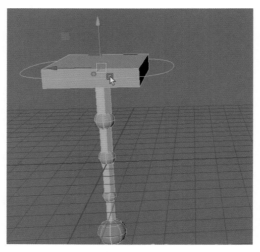

图4-16　选择移动器移动模型

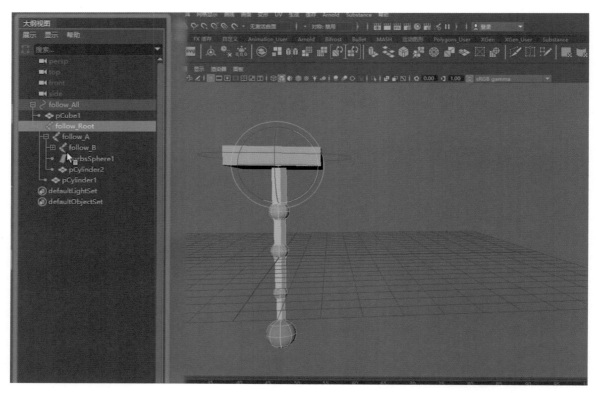

图4-17　大纲视图中可展开"父子"链接

（2）在第1帧创建关键帧，设置动作。为了更好地理解动作规律，使用蜡笔工具绘制关键帧的动作，先将时间和动作做好设计和规划，如图4-18、图4-19所示。

（3）到达20帧，长方体部分运动停止，再使用蜡笔工具设计摆锤跟随的动态，如图4-20、图4-21所示。

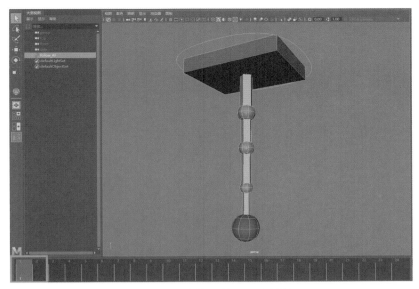

图 4-18 在第 1 帧记录关键帧

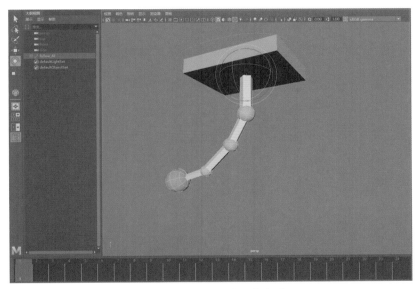

图 4-19 调整旋转物体角度

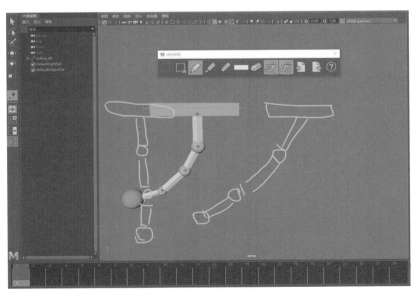

图 4-20 制作设计和规划

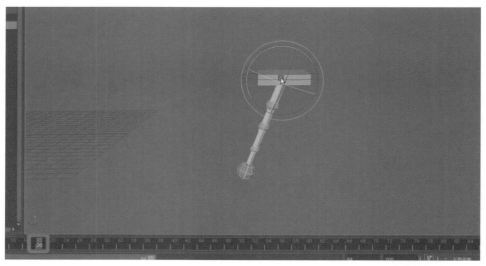

图 4-21 旋转物体角度

（4）在 20 帧之后加帧，按住 "Alt+." 键，自动加帧。调整摆锤动作，重复以上操作。摆锤动作幅度越来越小，如图 4-22、图 4-23 所示。

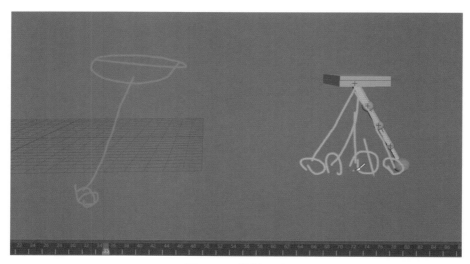

图 4-22 摆锤运动

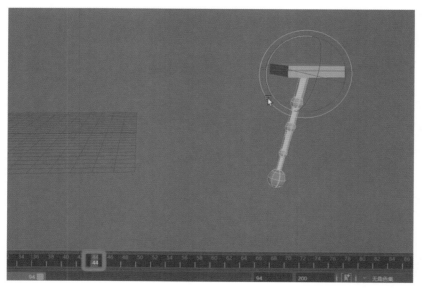

图 4-23 调整摆锤运动间距

（5）播放动画，观察摆锤动画效果，不精确的地方可以打开曲线编辑器修正。

（6）制作摆锤的关节可以弯曲的动画效果。将之前的关键帧删除，选择每节摆锤关节后旋转。也可以在大纲视图中选择骨骼关节，全选后整体旋转关节，即可自动使整体弯曲变形，如图 4-24 所示。

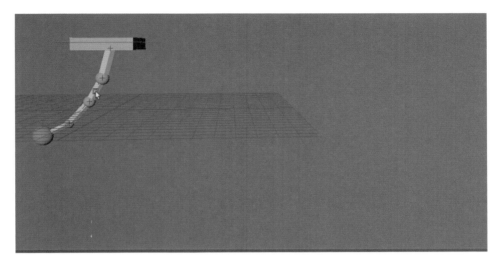

图 4-24 制作摆锤关节弯曲效果

（7）继续设置关键帧，增加摆锤动作弯曲的效果。在第 5 帧上制作重叠动作，可以体现出力量的感觉，后增加 8 帧调节摆动动作。

（8）重复以上操作，注意摆锤摆动的动作越来越小。播放并观察，就此完成了摆锤的跟随和重叠动画，如图 4-25 所示。

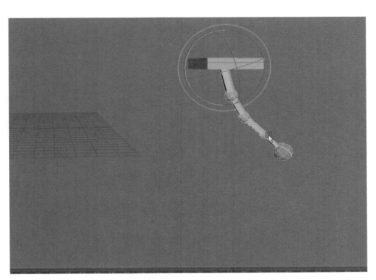

图 4-25 播放并观察

第二节 弧线运动实例

迪士尼公司的《动画的时间掌握》这本书是动画制作的重要参考素材，很多动画都可以在这本书中找到参考，其中就包括物体的弧线运动表现，如图 4-26 所示。

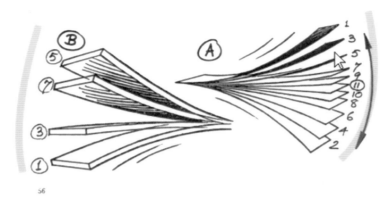

图 4-26 《动画的时间掌握》插图

一、C 形动画

以动物尾巴的运动为例，掌握 C 形动画的设计与制作。

（1）打开动物尾巴素材，如果发现骨骼显示太大，可以打开显示菜单里的动画菜单，子菜单里有关节大小，可以调节相应参数，如图 4-27 所示。

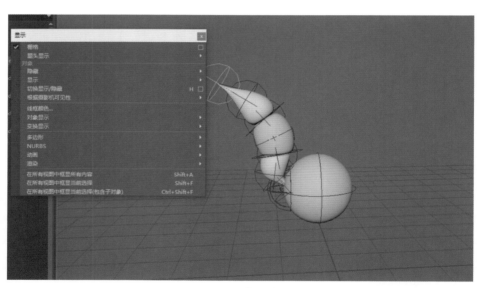

图 4-27 调节关节大小

（2）熟悉模形的控制器，了解每个控制器分别控制什么动作，如图 4-28 所示。调节绑定好的动画模型并不是直接选择模形，而是选择控制器来控制动作。控制器在通道栏里面有数据，可以清零恢复初始动作。

（3）制作 C 形动画，观察关键帧数和尾巴动作的特点。动物的臀部微动，尾巴较短，所以摆动的动作快速并且硬，如图 4-29 所示。

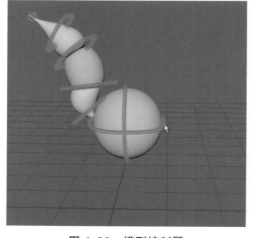

图 4-28 模型控制器

图 4-29 C 形动画示意图

（4）设置第 1 个关键帧的动作，并根据图例调节完成动画。如果希望此动作循环，可将第 1 帧动作复制关键帧到最后 1 帧，如图 4-30 ～图 4-32 所示。

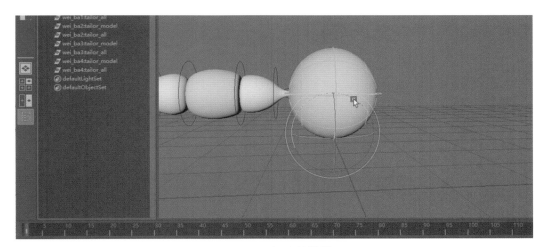

图 4-30 记录关键帧

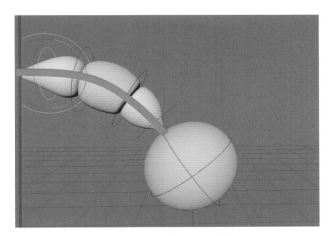

图 4-31 调节尾巴形状

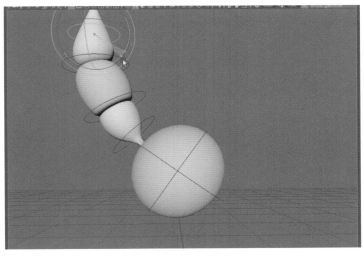

图 4-32 调整参数

（5）打开曲线编辑器，选择向前延展和向后延展动画曲线，可以将动画不断重复。如果需要将动画调慢可以放缩关键帧，如图 4-33 所示。

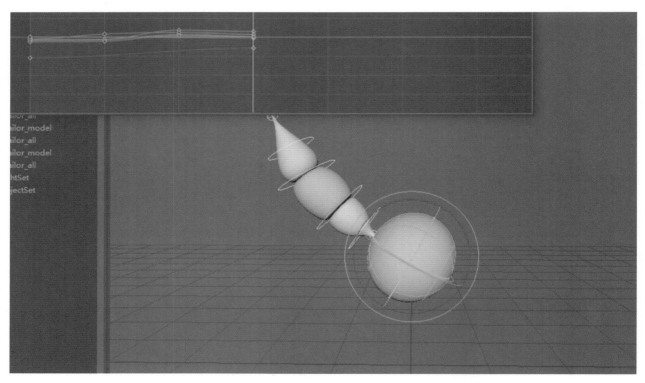

图 4-33　延展关键帧

（6）可以将延展的关键帧进行烘焙，烘焙关键帧可以设置帧的范围进行烘焙，如图 4-34 所示。

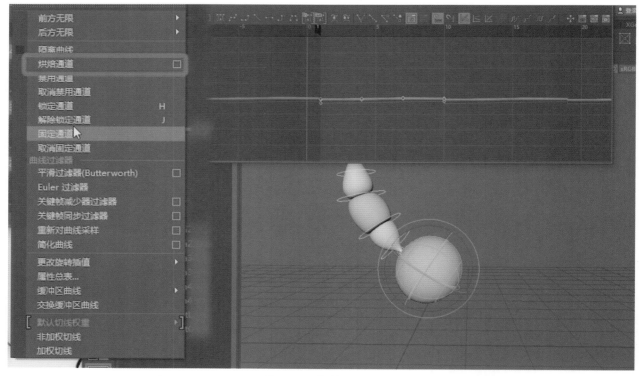

图 4-34　烘焙关键帧

二、S 形动画

仍使用长尾巴动物尾巴摇摆的素材，这种 S 形弧线运动动画也叫作 S 形运动，这种动画原则并不仅针对动物尾巴，例如，柔软的皮鞭、飘带等都可使用这种动画规律，如图 4-35 所示。

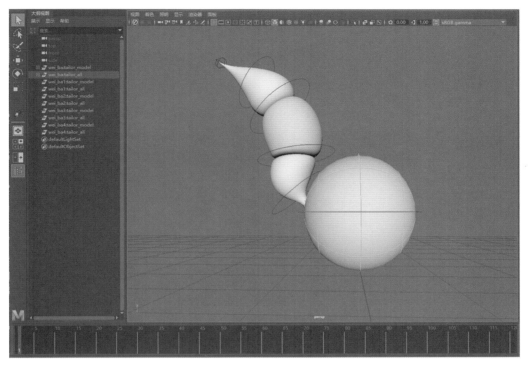

图 4-35　长尾巴摆动素材

（1）根据图例调整尾巴的各个控制器以调节尾巴的动态，第一个动作关键帧和姿态即可创建，此动作可以较为明快，如图 4-36 所示。

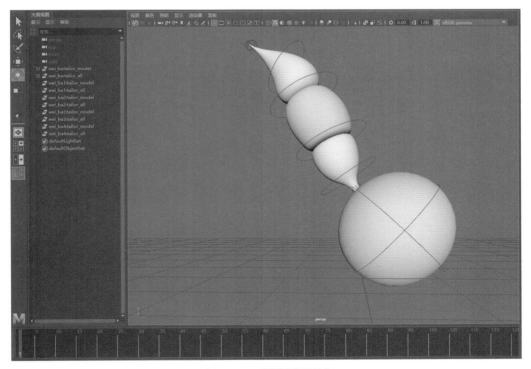

图 4-36　调整尾巴形态

（2）继续参考素材，创建第二个动作，如图 4-37 所示。

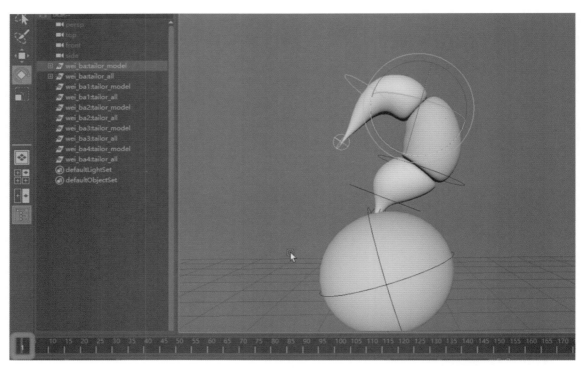

图 4-37　创建第二个动作

（3）调整确定后，余下每隔 2 帧为关键帧，根据图例仔细调整动作，注意动作的流畅性，保持尾巴末端的运动路线为 S 形弧线，如图 4-38 ～图 4-41 所示。

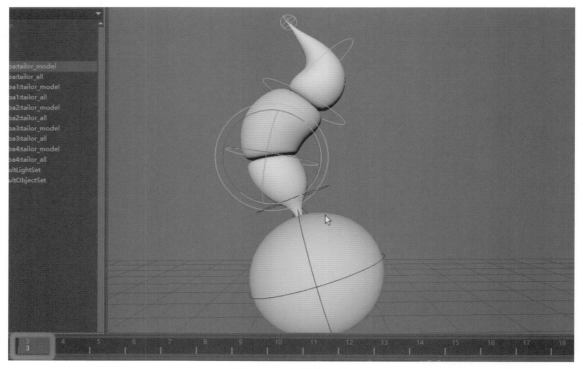

图 4-38　记录关键帧

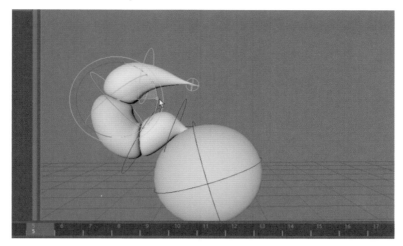

图 4-39　调整动作

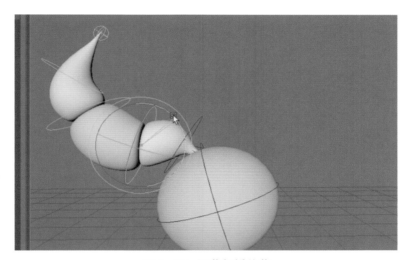

图 4-40　调节舒缓关节

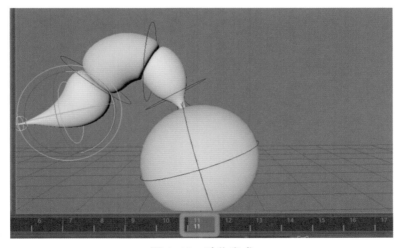

图 4-41　动作完成

（4）播放动画进行观察，完成尾巴的 S 形动作。

（5）若希望尾巴无限循环播放，打开曲线编辑器，选择向后延展动画曲线，尾巴就可以无限运动了。

第五章　Maya 变形动画

知识目标：了解变形动画

掌握非线性动画

了解非线性动画应用

掌握路径动画

能力目标：掌握变形与非线性动画原理

本章重点：掌握变形动画

本章难点：变形动画与非线性动画的应用

第一节　变形动画

一、Maya 变形动画

在菜单栏找到命令"变形"即可打开 Maya 的变形动画菜单命令，如图 5-1 所示。

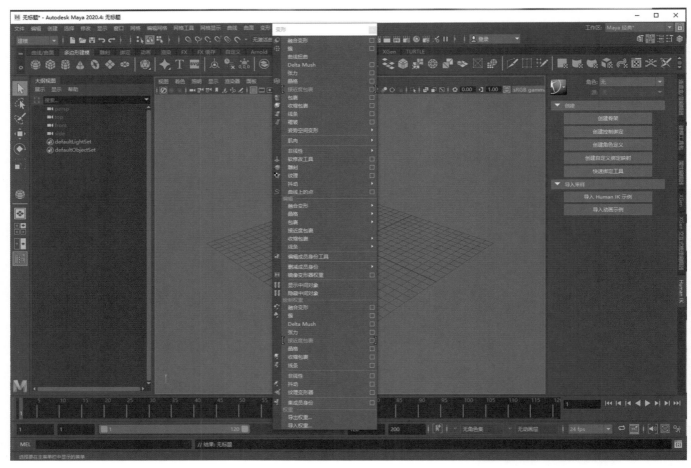

图 5-1　变形动画菜单

1. 融合变形

此命令的基本原理是两个或多个外形不一样且网格数完全一致的模型之间可以产生混合变形，此命令大都被采用在角色形象设计中，如图 5-2 所示。如制作角色头部模型时，可复制多个头部模型并修改表情特征，通过融合变形即可做出关键表情的过渡变化。

图 5-2 融合变形

（1）创建几个网格数完全一致的模型，并按快捷键"B"使用软选择以修改复制出的模型，如图 5-3、图 5-4 所示。

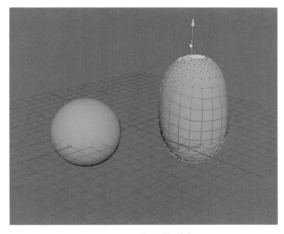

图 5-3 使用软选择

图 5-4 修改模型形状

（2）逐一修改模型，加选原始模型并选择"融合变形"命令，如图 5-5 所示。

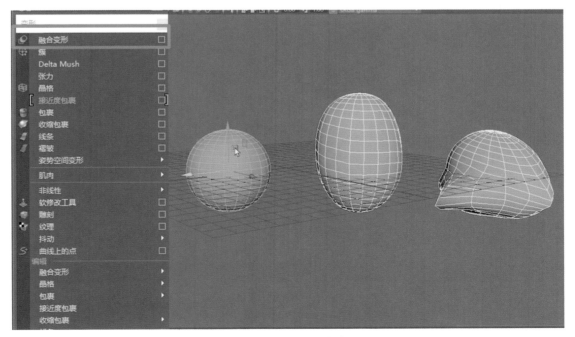

图 5-5 融合变形命令

（3）"融合变形"后可删除其他模型，原始模型并未发生变化，如图5-6所示。

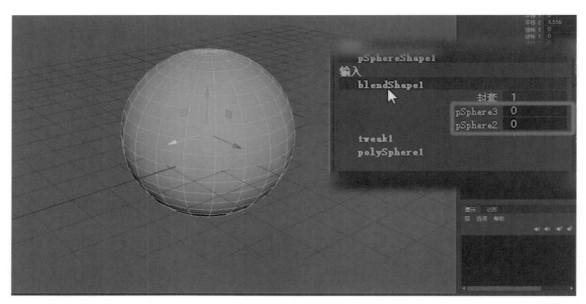

图5-6 原始模型并未发生变化

（4）调节通道输入栏的融合变形节点参数，就可将之前做好的动作实现变形。需注意混合变形不是单通道，多个通道参数都可以融合在一起使用以得到丰富的动画效果。

2."簇"命令

选择模型的网格点并选择"簇"，就可通过"簇"的操作来控制已选择的节点，如图5-7、图5-8所示。

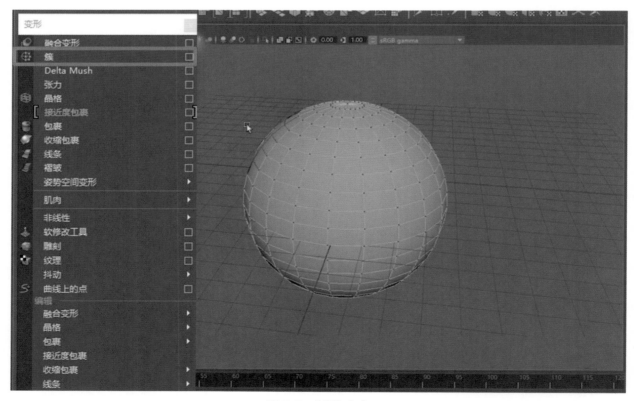

图5-7 "簇"命令

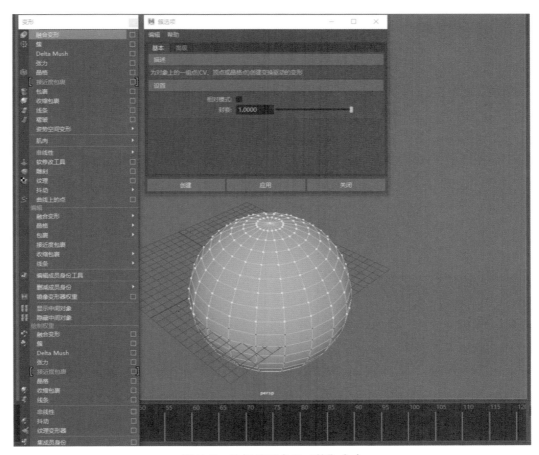

图 5-8　选择模型点击"簇"命令

3. 晶格

（1）选中模型，选择"晶格命令"，模型上出现控制点，晶格类似于"Photoshop"的自由变换工具。对于控制点进行编辑修改就可修改模型的外形，如图 5-9、图 5-10 所示。

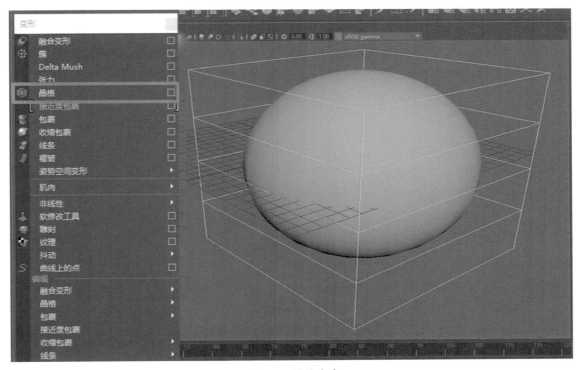

图 5-9　晶格命令

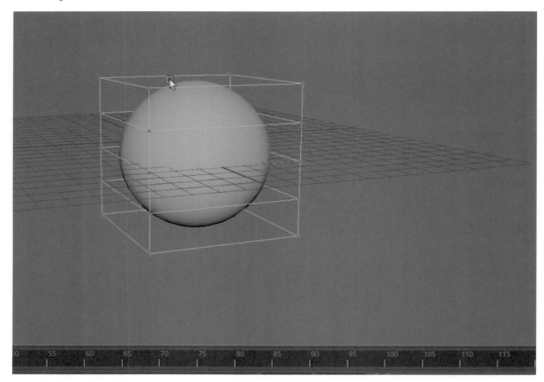

图 5-10　通过控制点修改模型外形

（2）晶格点的位移也可以创建动画，可以打开后面的晶格面板修改晶格点的数量，丰富模型的外形变化，如图 5-11、图 5-12 所示。

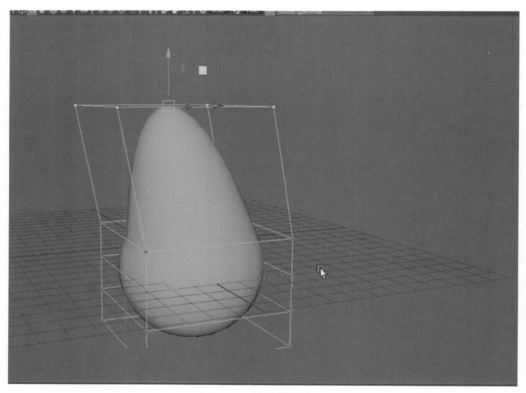

图 5-11　修改模型外形

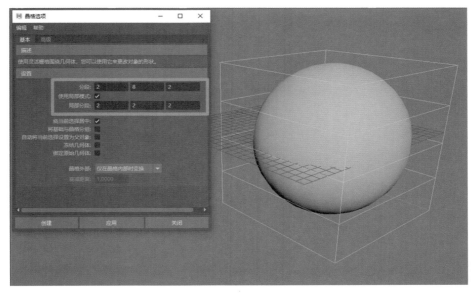

图 5-12　修改晶格点数量

4. 软修改

此命令可以拾取节点、修改节点的外形并影响到一个范围，从而修改模型的变形效果。此命令大都用于建模过程，如图 5-13、图 5-14 所示。

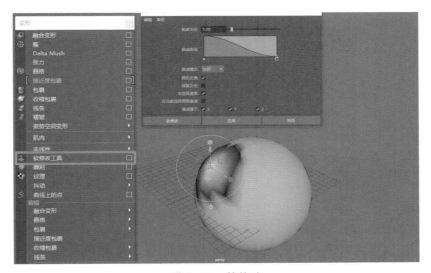

图 5-13　软修改

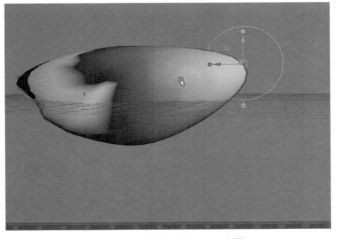

图 5-14　软修改应用于建模

5. 抖动

此命令的作用是使做好的位移动画，在停止的结束帧上自动出现晃动感。这种抖动动作也可通过关键帧设置来完成，但利用抖动命令可以快捷地制作大量的动画，如图 5-15、图 5-16 所示。

图 5-15　抖动作用

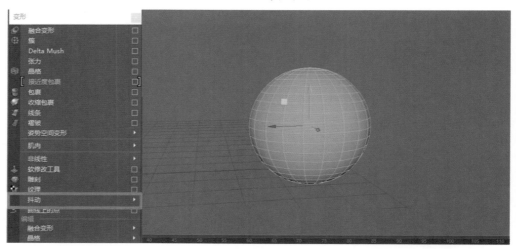

图 5-16　添加抖动效果

抖动效果也可以用于晶格，在晶格控制点进行添加，如图 5-17 所示。例如，设计肥胖的角色时就可以利用抖动变形器使肚子自动的出现晃动。抖动变形的参数可以通过设置面板调节，不同的参数即可出现不同的效果，如图 5-18 所示。

图 5-17　选择晶格控制点

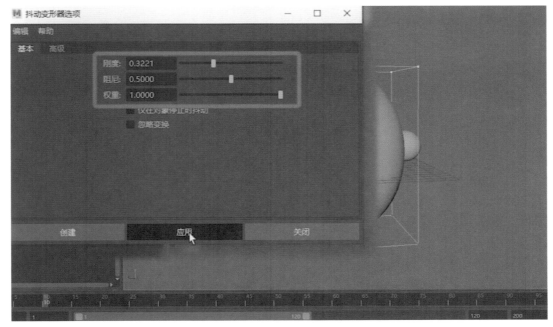

图 5-18　调节参数

二、Maya 非线性动画

在 Maya 的变形命令中，有一个非线性选项，非线性的子菜单有弯曲、扩张、正弦、挤压、扭曲、波浪这些非线性变形命令，如图 5-19、图 5-20 所示。

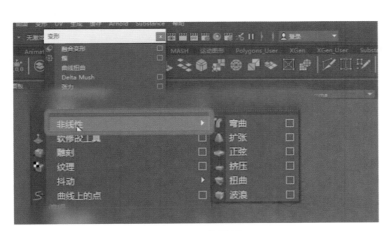

图 5-19　非线性

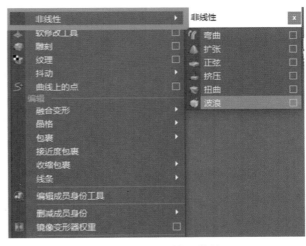

图 5-20　非线性子菜单

1. 弯曲

（1）创建模型，添加弯曲命令，打开通道面板，调整曲率参数，模型就会产生弯曲的效果。

（2）弯曲可通过坐标调整，若模型和默认轴向不对应，可调整弯曲的坐标，将其旋转到需要的角度，就可得到和模型对应的弯曲效果。

（3）通道参数有上限和下限的设置，以此控制弯曲的位置，移动物体，使其沿弯曲的坐标进行动画。弯曲可以用于制作卷轴打开的动画效果。

2. 扩张

扩张可以让模型变成梯形的状态，也可以通过设置参数修改模型的外形，如图 5-21、图 5-22 所示。

图 5-21　选择扩张命令

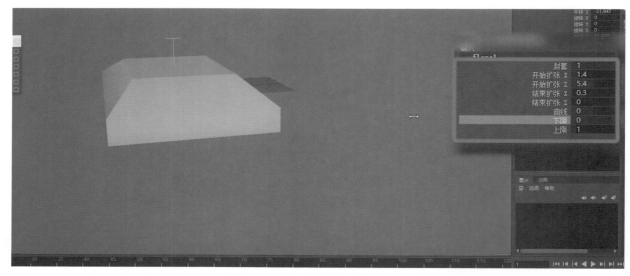

图 5-22　使用扩张修改模型外形

3. 正弦

正弦可以产生一种波浪状态的变形修改，可以制作以 S 形路线游动的角色，如鱼类、蛇类的运动动画，如图 5-23 ～图 5-25 所示。

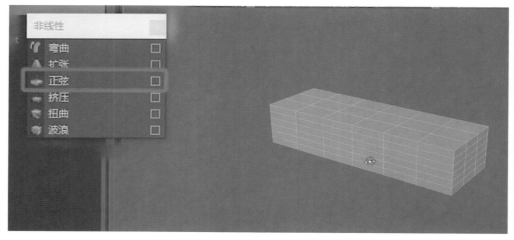

图 5-23　正弦命令

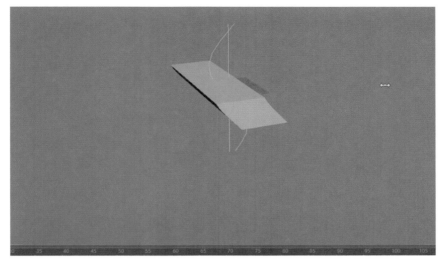

图 5-24　波浪状态的变形

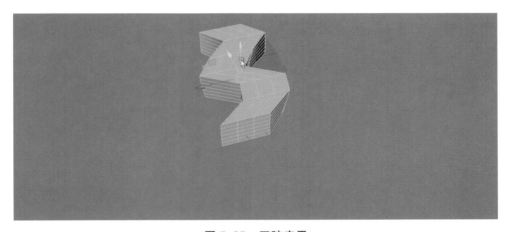

图 5-25　正弦应用

4. 挤压

通过挤压可以拉伸模型，选中模型并点击挤压命令，设置参数后添加关键帧，这样就可以做出模型被挤压的动画效果，如图 5-26、图 5-27 所示。

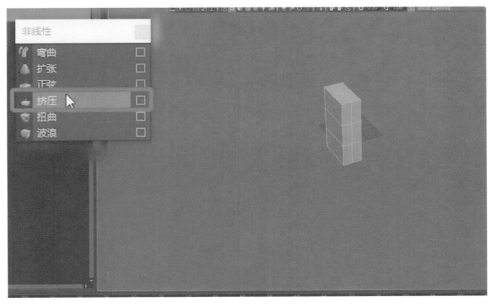

图 5-26　挤压命令

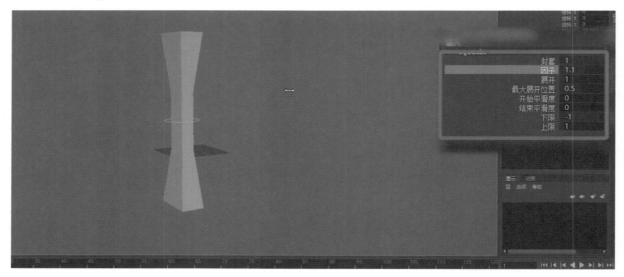

图 5-27　挤压动画效果

5. 扭曲

扭曲命令可以做出类似拧毛巾的动作模型或类似螺丝的模型效果，也可以通过设置参数，成动画效果，如图 5-28、图 5-29 所示。

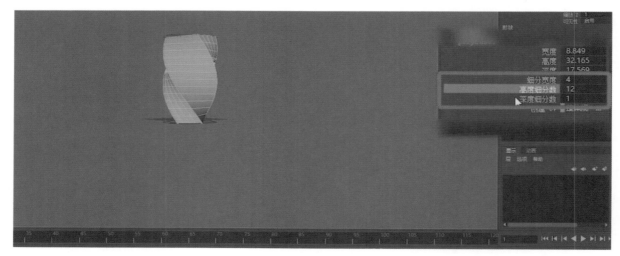

图 5-28　增加模型分段数

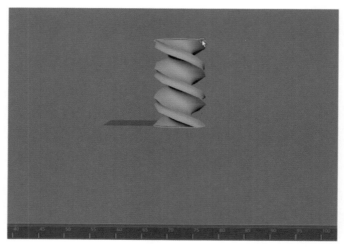

图 5-29　扭曲效果

Maya 变形动画 第五章

6. 波浪

波浪主要用于制作平面上的波纹动画效果，可以通过修改通道栏的参数，模拟出水波纹的动画效果，如图 5-30 ～图 5-32 所示。

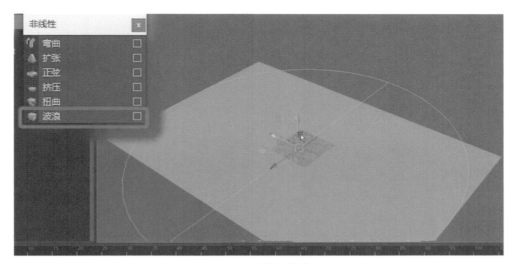

图 5-30　波浪命令

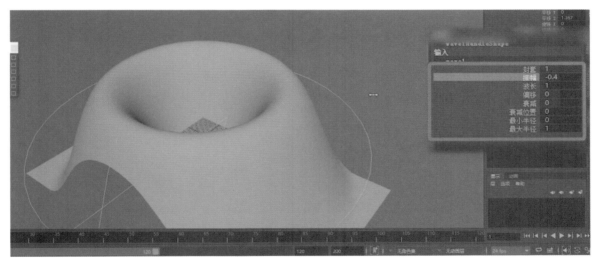

图 5-31　调整参数

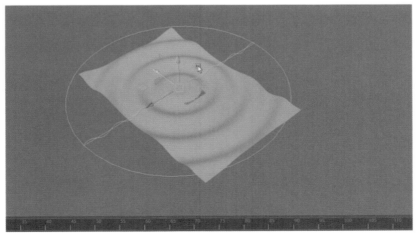

图 5-32　制作动画

三、Maya 非线性动画实例：书卷动画

利用弯曲命令制作书卷动画实例，如图 5-33 所示。

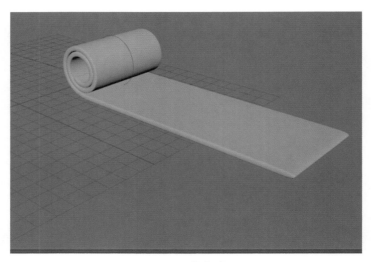

图 5-33　书卷动画

（1）建立长方体模型，因为需要变形，所以必须要添加足够的网格数，将高度细分数设置为 50，如图 5-34、图 5-35 所示。

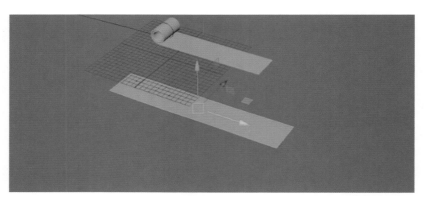

图 5-34　创建模型

图 5-35　设置高度细分数

（2）进入面选择层级，选择编辑网格菜单，使用面挤出书卷厚度，如图 5-36、图 5-37 所示。

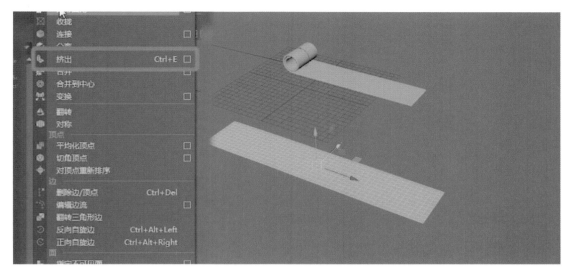

图 5-36　挤出书卷厚度

图 5-37　模型基本完成

（3）打开变形菜单非线性的弯曲命令，创建弯曲，如图 5-38 所示。

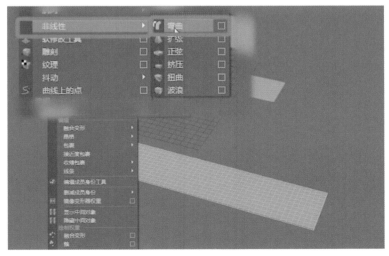

图 5-38　非线性的弯曲命令

（4）添加曲率参数，测试弯曲效果，若与模型不对应就旋转弯曲轴，配合通道栏的参数修改，直到达到期望效果，如图 5-39 所示。

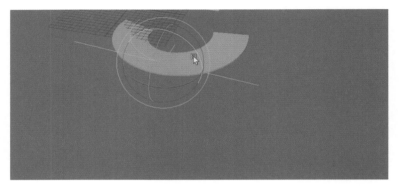

图 5-39　测试弯曲效果

（5）调整曲率，设置书卷模型的弯曲状态。如果整体过大，可以放缩弯曲轴，如图 5-40、图 5-41 所示。

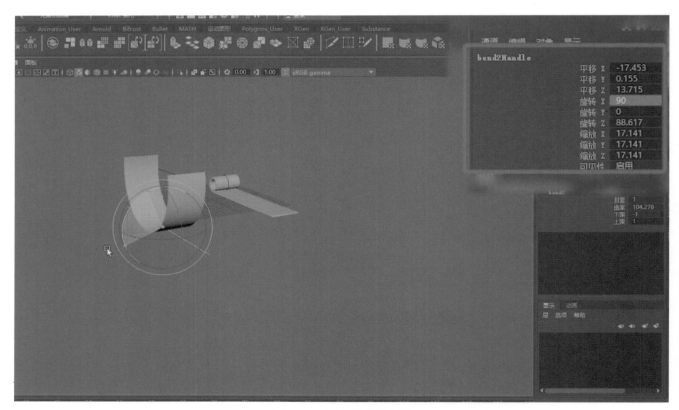

图 5-40　调整通道栏参数

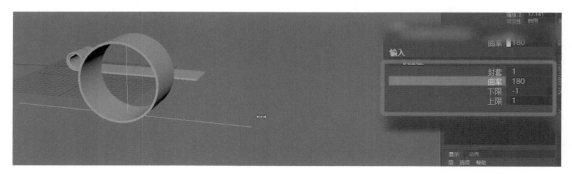

图 5-41　放缩弯曲轴

（6）调节下限参数，使模型一端平整，如图 5-42 所示。

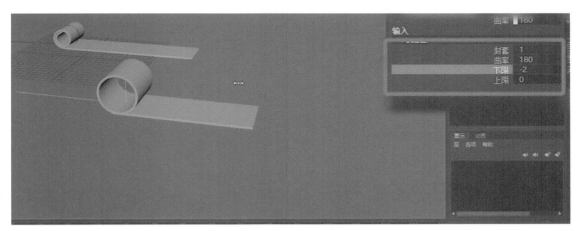

图 5-42　调节下限参数

（7）调节上限参数，让模型的一段弯曲卷起来。移动模型，卷轴动画初步出现，但书卷产生重叠，如图 5-43 所示。

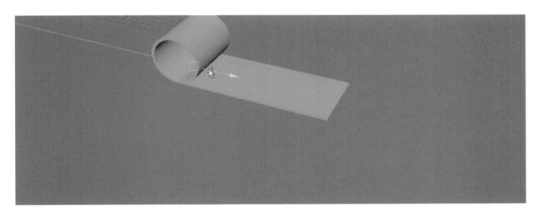

图 5-43　书卷产生重叠

（8）增加下限绝对值数值，在属性面板找到弯曲节点，旋转 y 参数栏，将参数设置为 1，这样物体的厚度感就出现了，完成了正确的卷曲效果，如图 5-44 ～图 5-47 所示。

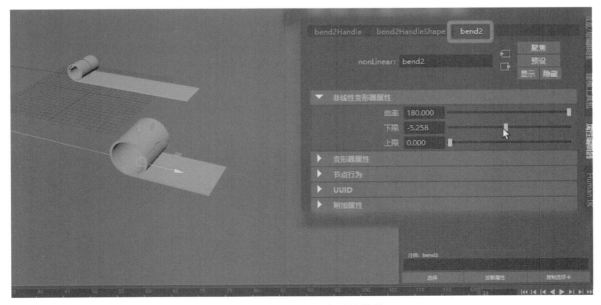

图 5-44　增大下限绝对值数值

图 5-45　旋转 y 参数栏

图 5-46　将旋转 y 参数设置为 1

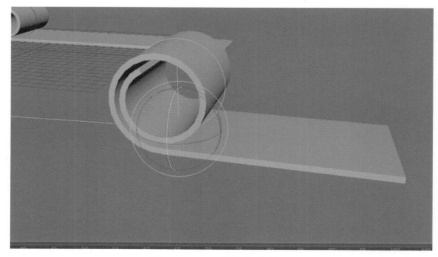

图 5-47　正确的卷曲效果

（9）修正弯曲控制轴，让模型平整端与 z 轴方向对齐，完成书卷动画，如图 5-48 所示。

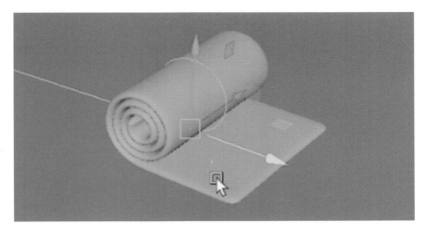

图 5-48　动画完成

第二节　路径动画

一、Maya 路径动画

路径动画是使用一个曲线，让物体沿着曲线进行运动，同时物体可以自身变形。路径曲线相较于手动设置关键帧的自动化程度更高，是 Maya 自动生成动画过程。

（1）创建一个长方体模型，再创建一个曲线，如图 5-49 所示。

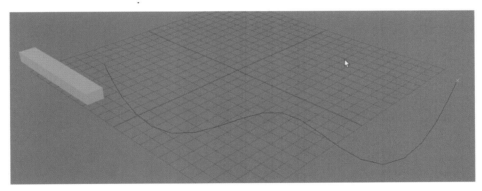

图 5-49　创建模型与曲线

（2）先选择物体，再选择路径曲线，如图 5-50 所示。

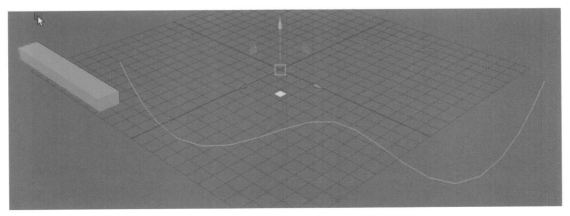

图 5-50　依次选择物体与路径曲线

（3）选择约束菜单里的"运动路径"，路径动画即可以实现，如图 5-51 所示。

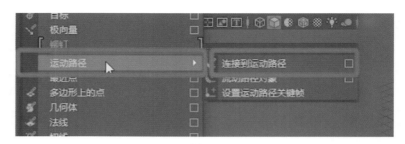

图 5-51　选择"运动路径"

（4）若模型的运动路径和希望的路径方向不一致，可选择路径动画的设置面板，在设置面板内设置相应的参数，选择正确的轴向，就可以使得模型的运动路径和路径线对应一致，如图 5-52、图 5-53 所示。

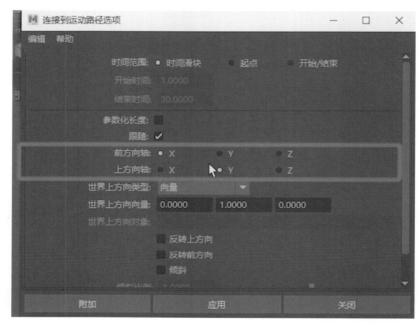

图 5-52　调整轴向参数

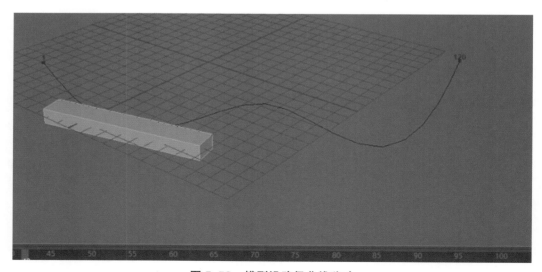

图 5-53　模型沿路径曲线移动

通过以上实例，物体根据设定路径进行动画的目的就能够实现。若需要物体在路径上自身变形，可以进行以下操作：

（1）给物体添加足够的段面，在通道盒面板的输入栏增加细分宽度，如图 5-54、图 5-55 所示。

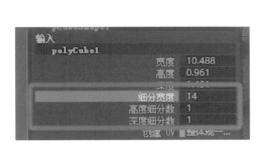

图 5-54 增加细分宽度

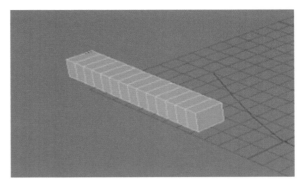

图 5-55 物体段数增加

（2）添加路径，选择"流动路径对象"，这样物体跟随路径移动的同时自身沿着路径线变形，如图 5-56、图 5-57 所示。

图 5-56 选择"流动路径对象"

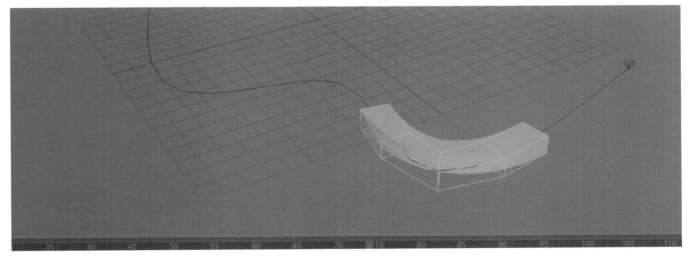

图 5-57 物体沿路径做变形运动

（3）此类效果可制作蛇类、鱼类等游动的动画效果。路径动画是一种操作简单，应用面很多的动画形式。

二、Maya 路径动画实例：蝴蝶飞舞

蝴蝶模型的身体、触须和翅膀都是分开的模型，如图 5-58、图 5-59 所示。

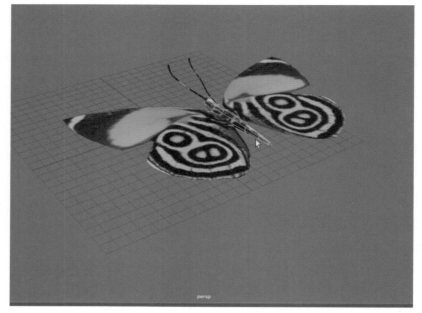

图 5-58　蝴蝶模型

图 5-59　身体、触须和翅膀相互独立

（1）创建"父子"链接，将触须和翅膀作为子集物体链接给身体，如图 5-60 所示。

图 5-60　创建"父子"链接

（2）测试翅膀的旋转效果，发现轴心不在需要的位置上，按快捷键"D"修改轴心，如图 5-61 所示。

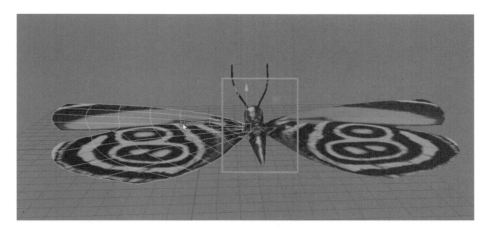

图 5-61　修改轴心位置

（3）创建一个"圆形"作为身体的控制器，将身体控制器和蝴蝶模型身体对齐，再将它的历史删除并冻结变换，将身体控制器参数全部清零，如图 5-62、图 5-63 所示。

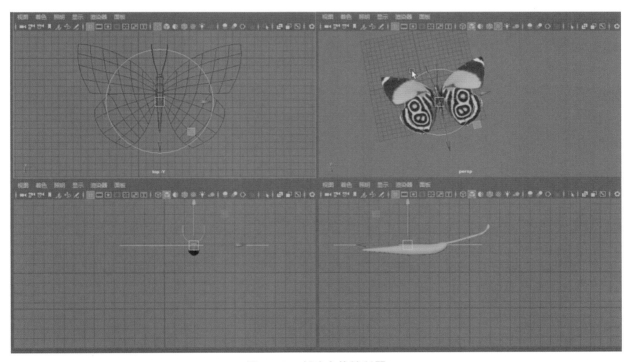

图 5-62　创建身体控制器

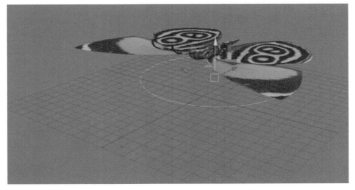

图 5-63　删除历史、冻结变换

（4）将身体作为子集物体链接给身体控制器，身体控制器就完成了。

（5）蝴蝶飞舞的运动特征是翅膀不断摆动，身体随着摆动有高低的变化。制作翅膀摆动的循环动画，翅膀的摆动速度较快，大约每2帧旋转一次翅膀模型。先选择身体，在第1帧记录关键帧，如图5-64、图5-65所示。

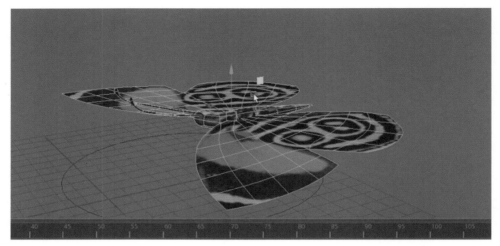

图 5-64　选择身体

图 5-65　记录关键帧

（6）利用2帧的时间旋转翅膀向下，身体也随之调整。翅膀的一次循环即完成，如图5-66、图5-67所示。

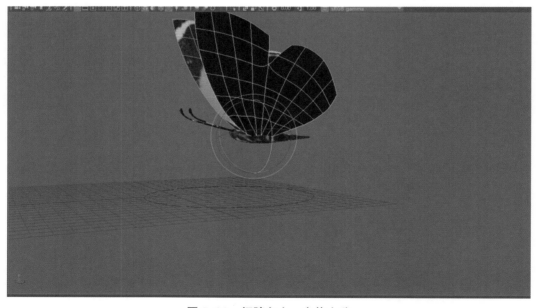

图 5-66　翅膀向上、身体上移

图 5-67　翅膀向下、身体上移

（7）若要制作连续循环动画，可以打开曲线编辑器，选择向后延展曲线，翅膀就会不断地快速摆动，蝴蝶看上去就有了生命力，如图 5-68、图 5-69 所示。

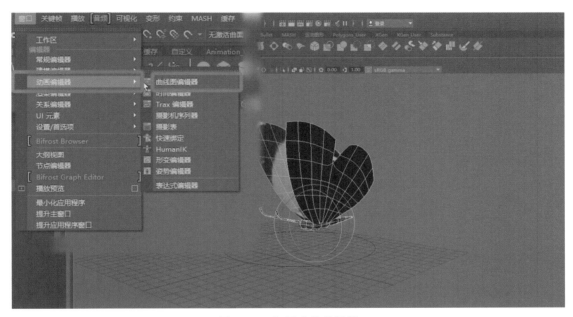

图 5-68　打开曲线编辑器

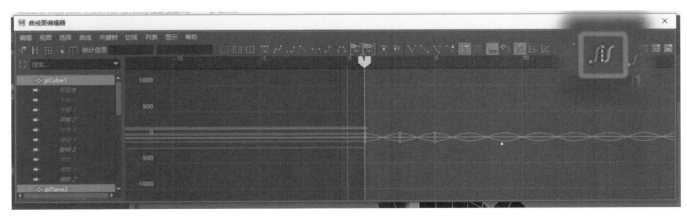

图 5-69　向后延展曲线

（8）利用曲线工具绘制一根曲折的线段，如图 5-70 所示。调整控制点修改曲线形态，调整到符合蝴蝶飞舞的形态即可，如图 5-71 所示。

图 5-70　创建曲线

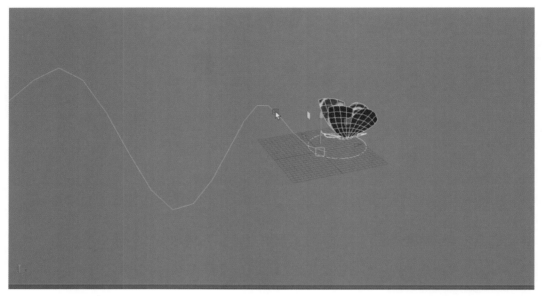

图 5-71　调节曲线形态

（9）选择蝴蝶的身体控制器并加选路径线，打开约束菜单选择连接到运动路径，蝴蝶的沿路径动画即可以实现，如图 5-72 所示。

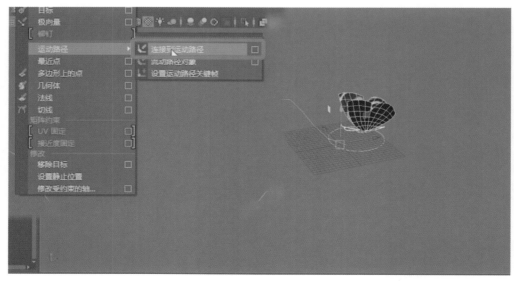

图 5-72　连接到运动路径

（10）若出现轴向不对应，打开设置面板后选择相应的轴向即可将轴向设置正确，如图 5-73 所示。

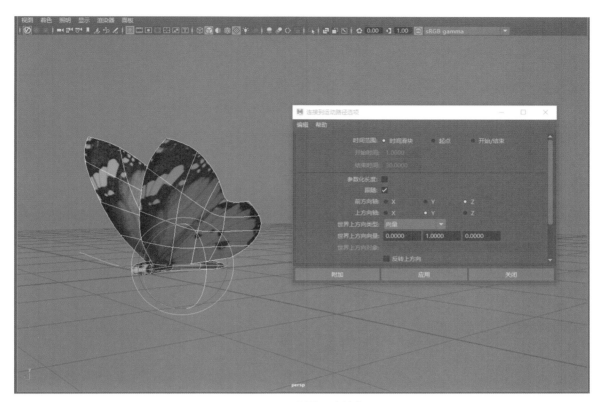

图 5-73　设置正确轴向

（11）蝴蝶飞舞时的动态一般不严格地按照路径曲线移动，可设置一些位移关键帧来调整蝴蝶飞舞的动画，增加随机性和真实感，如图 5-74 所示。

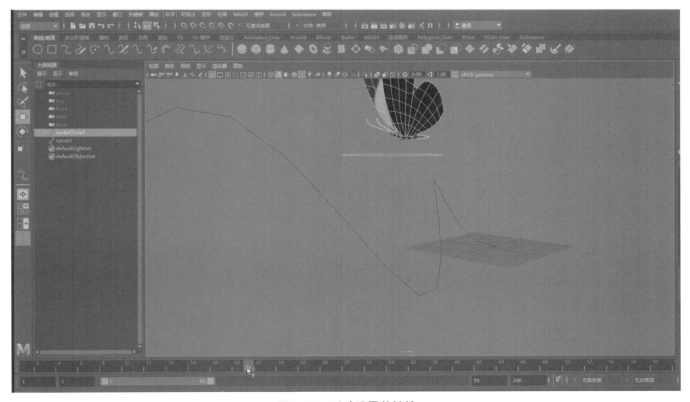

图 5-74　手动设置关键帧

第六章　Maya 骨骼动画

知识目标：了解 Maya 骨骼系统

　　　　　掌握骨骼关节系统创建

　　　　　了解蒙皮的权重概念

　　　　　掌握 Maya 权重值的分配

能力目标：掌握骨骼关节系统创建

本章重点：掌握 Maya 权重值的分配

本章难点：掌握 Maya 骨骼系统的设计与制作

　　　　　掌握 Maya 权重值的分配

第一节　Maya 骨骼动画认知

一、Maya 骨骼动画基础

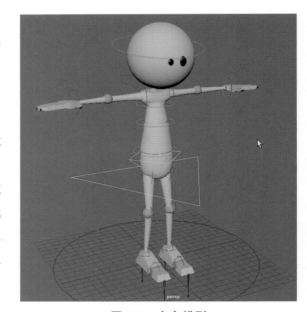

　　本章内容为三维动画的重要环节——骨骼动画，骨骼动画主要用于角色动画，这也是三维动画的重点与难点。

　　打开一个已绑定好的角色，如图 6-1 所示。可以看到角色模型上有很多控制器，如图 6-2 所示。尝试操控模型动作，即选择控制器进行变换操作，位移和旋转可以变换控制器状态，控制器又通过骨骼带动模型的变换，如图 6-3 所示。

　　动画师操作这些控制器来摆出角色的动作，再通过设置关键帧来实现动画，如图 6-4 所示。这个动画原理很像提线木偶的操控原理。

　　骨骼绑定的流程是：设置骨骼—设计控制器—蒙皮—权重分配，这个过程即骨骼绑定的完整过程，如图 6-5 所示。

图 6-1　角色模型

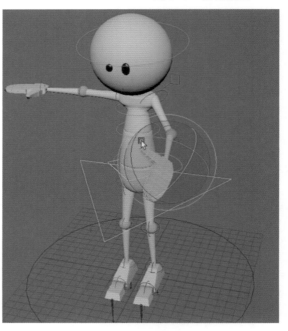

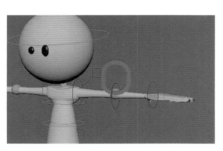

图 6-2　控制器

图 6-3　编辑动作

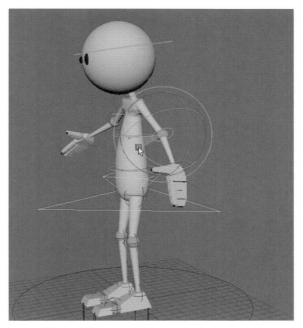

图 6-4　设置关键帧

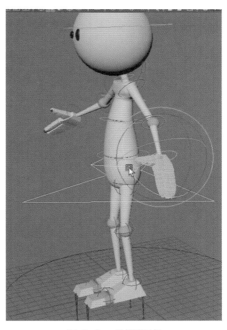

图 6-5　骨骼绑定

骨骼绑定也可以使用一些插件，但还是要学习好基本原理，因为骨骼不仅适用于做角色动画，一些基础动画也可以利用骨骼进行制作，所以骨骼动画是需要掌握好的，具体方法如下：

（1）先创建一个圆柱体，添加细分数，然后在工具架上找到骨骼命令，也可以在骨骼菜单上打开创建关节命令，点击鼠标在视图中创建关节命令，如图 6-6、图 6-7 所示。

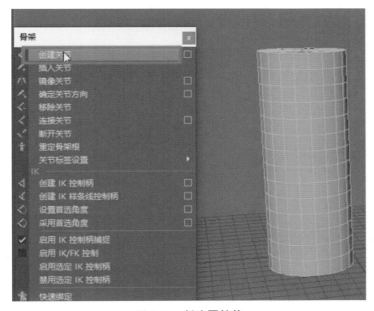

图 6-6　创建圆柱体

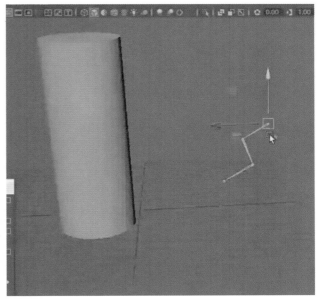

图 6-7　创建骨骼

（2）如果关节显示的大小不合适，还可以进行调节，打开动画菜单，选择关节显示大小→关节显示比例即可调整，如图 6-8、图 6-9 所示。

（3）仔细观察关节的形态，也可以在大纲视图中观察关节的"父子"关系，并在大纲视图里修改这个骨骼的"父子"关系和形态，如图 6-10 所示。

图 6-8　动画菜单

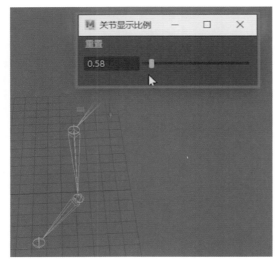

图 6-9　关节尺寸

图 6-10　大纲视图

（4）Maya 的骨骼是可以拉伸的，所以 Maya 的骨骼自由度很高。创建关节的方式是选择创建命令后点击鼠标确定，再次点击鼠标确定它的子级骨骼，如果不需要再创建，按"回车"键即可结束创建。

（5）给当前模型创建几节骨骼，如图 6-11 所示。将骨骼放置到模型的中心，骨骼只有在模型的中心才能更好地影响周围的网格物体，如图 6-12 所示。

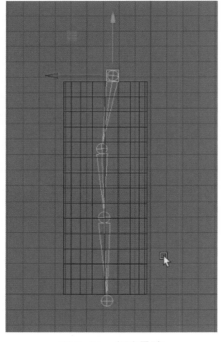

图 6-11　创建骨骼

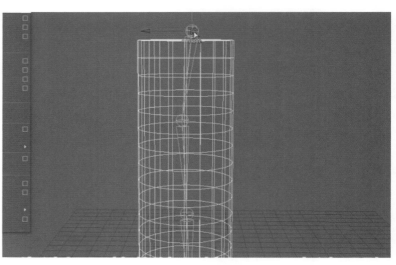

图 6-12　置入模型中心

（6）骨骼想要影响模型，就需要使用"蒙皮"这个命令。在菜单命令里找到"蒙皮"命令，选择网格物体再选择骨骼，点击"绑定蒙皮"（Bind Skin），发现骨骼的颜色发生了变化。

（7）尝试移动骨骼，会发现周围的网格物体也跟随发生变形；尝试弯曲骨骼，网格模型也产生了弯曲，很像角色的胳臂或者腿部的弯曲效果，如图6-13所示。蒙皮将网格的顶点分配给和它相邻的骨骼上带来的结果。有的点是百分之百影响，有的点是有衰减的影响，这个即权重的分配。这样显得模型的变形会很自然，当然可能权重不一定符合预定的设计，那么利用绘制权重进行修正，如图6-14所示。

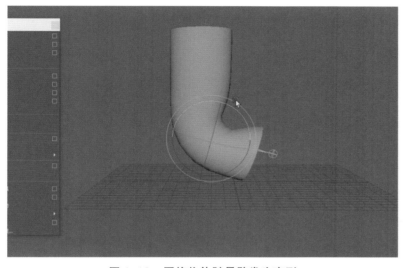

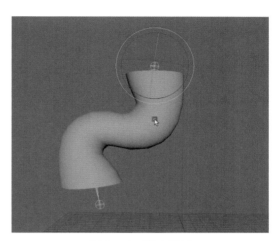

图 6-13　网格物体随骨骼发生变形　　　　　　　　　　　图 6-14　蒙皮效果

二、Maya 骨骼 IK 与 FK

Maya 骨骼的 IK 即反向骨骼链接，FK 即正向的骨骼链接。IK 适合做角色的腿部设置，和地面接触比较多的情况。FK 适合做手臂的骨骼和手指这些动画设置。

首先认识 FK 正向骨骼链接，创建两个腿骨骨骼，例如人类的腿骨，如图6-15所示。如果需要做出膝盖弯曲的动作，就需要依次选择腿骨设置旋转，摆出整个腿骨的弯曲动作，这个即 FK，如图6-16所示。

另外一种是 IK，当为骨骼创建一个控制，并设置 IK 后，通过移动控制柄，就可使得骨骼被带动，这样的控制即 IK 反向骨骼链接。

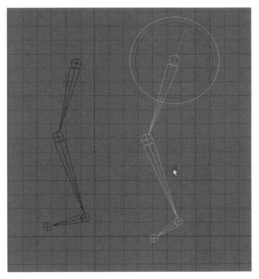

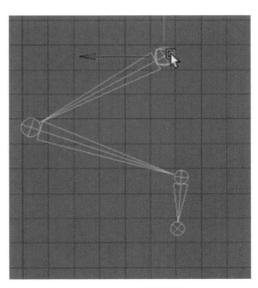

图 6-15　创建腿部骨骼　　　　　　　　　　　　　图 6-16　腿骨弯曲

设置 IK 的方法是先在骨架菜单里面找到"创建 IK 控制柄",如图 6-17 所示;然后选择脚踝骨骼的位置,如图 6-18 所示;再选择根骨骨骼,那么骨骼颜色发生了变化,末端出现了一个十字控制柄,这样 IK 就设置完成了,如图 6-19 所示。

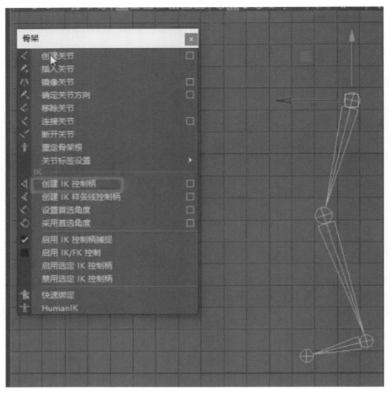

图 6-17 创建 IK 控制柄

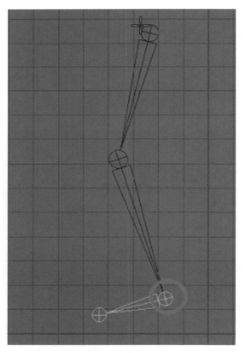

图 6-18 脚踝骨骼

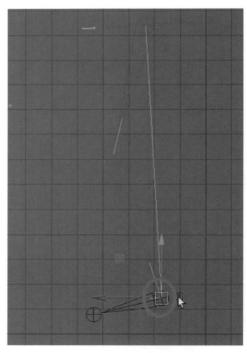

图 6-19 创建 IK

此时移动控制柄,以上的骨骼就发生了动态,出现了类似人的膝盖弯曲的感觉。IK 也可用于模拟挖掘机工作的动画效果。

那么 IK 和 FK 都有什么应用？

IK 简单实例：

（1）先创建几个模型，组合成类似挖掘机的外形，如图 6-20 所示。然后设置骨骼，这里需要注意的是骨骼需要设置得有一定角度，这样创建的 IK 可以产生弯曲效果，如图 6-21 所示。

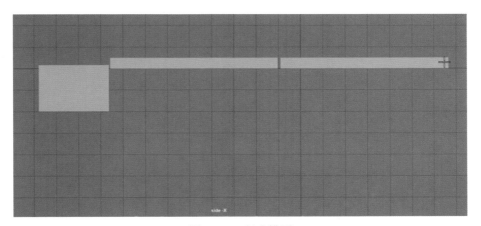

图 6-20　创建模型

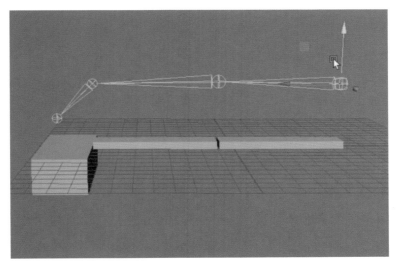

图 6-21　创建骨骼

（2）接着创建 IK，如图 6-22 所示。这样这个骨骼的 IK 设置就完成了。

（3）将物体和它相应的骨骼做"父子"链接关系就可以实现二者的关联，分别选择模型再加选骨骼链接给骨骼即可，这样就实现了模拟挖掘机工作的动画设置（图 6-23）。

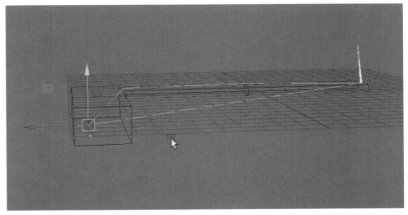

图 6-22　创建 IK

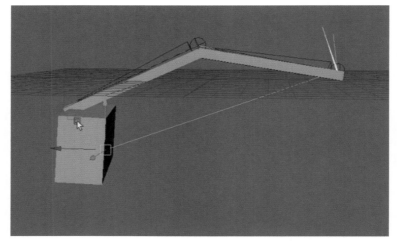

图 6-23　完成动画设置

三、Maya 骨骼权重值

在 Maya 的骨骼权重问题上，需重点理解 Maya 蒙皮技术，掌握绘制蒙皮权重的技巧。

（1）创建一个物体，再创建一个骨骼，赋予其蒙皮命令，测试动作，可以看到蒙皮效果已经有了，为了方便绘制权重可以调节一个简单的动作，如图 6-24 所示。

（2）打开菜单命令，选择"绘制蒙皮权重"，如图 6-25 所示。通过这个命令可以用绘画的方法进行权重的重新分配。在绘制状态下，鼠标光标变成了毛笔形状并且有一个笔刷的范围。同时模型变成了黑白灰颜色显示，如图 6-26 所示。

（3）当前状态即"绘制蒙皮权重"的显示状态，被选中的骨骼影响的模型范围即白色的显示。靠近根部的位置颜色最白，随着距离越来越远，颜色逐渐变灰，直至黑色，这是一种衰减的效果。

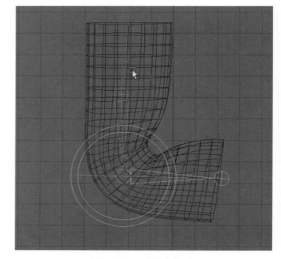

图 6-24　测试蒙皮

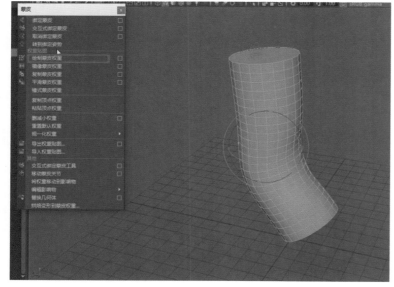

图 6-25　绘制权重

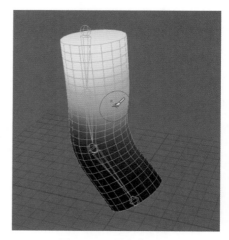

图 6-26　黑白灰显示

（4）使用笔刷在模型上绘制权重面板，如图 6-27 所示。默认的状态即增强，可以看到颜色被刷得越来越白。

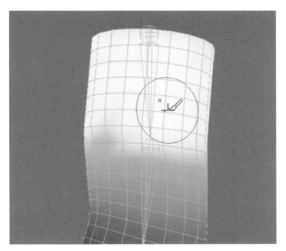

图 6-27　骨骼模型显示效果

（5）双击工具架上的命令，打开绘制蒙皮权重工具面板，如图 6-28 所示。这个面板上面部分即骨骼列表，在列表可以选择需要编辑的骨骼，如图 6-29 所示。面板下方区域可以选择模式是绘制或者是选择，如图 6-30 所示。

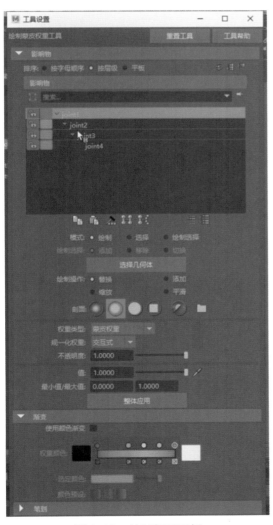

图 6-28　绘制权重面板

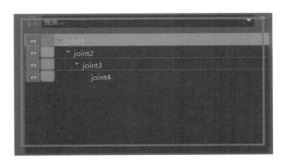

图 6-29　骨骼列表

图 6-30　模式选择

（6）面板中部的图标，即各种笔刷的衰减模式，依次为高斯笔刷发、软笔刷、硬笔刷和方形笔刷等，如图 6-31 所示。

（7）笔刷下方是"不透明度"参数，即笔刷的强度参数，如图 6-32 所示。当参数为 1 的时候，绘制强度最强；减低参数，绘制就比较的弱。下面的"值"为 1 的时候笔刷是刷白色，也就能增强当前骨骼的权重。如果"值"低于 1，笔刷刷的是黑色，也就能从当前骨骼上减去权重。

图 6-31　笔刷的衰减类型

图 6-32　笔刷参数

（8）还可以在面板上面的列表中选择需要调整的骨骼，当选中那个骨骼时，修改的即当前选中的骨骼的权重，如图 6-33 所示。

（9）目前的骨骼数量比较少，能方便地选想要调整的骨骼，如果数量多，就要利用选择模式，如图 6-34 所示。点击"选择"，在视图里选中想要调整的骨骼，再选择绘制模式，最后再点击选择集合体。这样就可以直观地选中需要调节的骨骼了，权重分配可以反复进行操作。

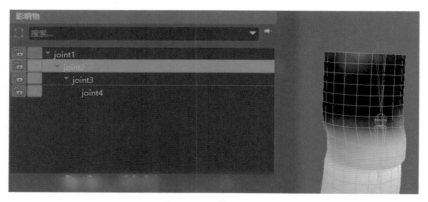

图 6-33　骨骼列表

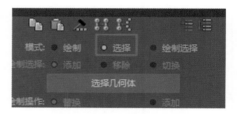

图 6-34　选择模式

四、约束

图 6-35　约束菜单

除了掌握骨骼的使用，还需要掌握 Maya 的约束，才能正确地完成骨骼绑定。当然约束并不只能做骨骼绑定的工作，它还是做动画制作的重要环节。

打开"绑定模块"，找到"约束"菜单，可以看到菜单里有一些关于约束的命令，如图 6-35 所示。约束菜单里有父子约束、点约束、方向约束、比例约束、目标约束和极向量约束，如图 6-36 所示。

图 6-36　约束类型

1. "父子"约束

"父子"约束和"父子"链接有点类似，也是子物体跟随父物体进行动作，如图 6-37 所示。但是"父子"约束有一个节点，可以进行动画的控制。在通道盒面板有"父子"约束节点，这些参数可以用于设置动画，通过选择节点状态的正常与无效果，就可以设置动画。但是"父子"链接就没有这些，它和"父子"约束有很大区别。

2. 点约束

点约束可以完全跟随被约束的物体中心点，并且重合在一起。这种约束方式常常用于骨骼绑定中的控制器的使用，如图 6-38 所示。

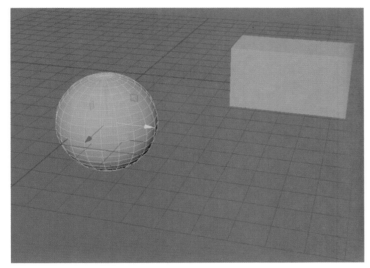

图 6-37 父子约束

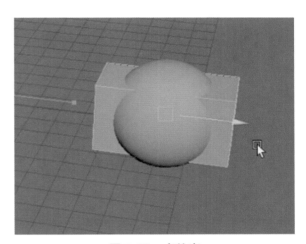

图 6-38 点约束

3. 方向约束

方向约束可以使主物体旋转的时候让被约束物体进行同样的旋转，这个约束常用于骨骼绑定的正向骨骼设置，比如脊椎骨、手臂和手指骨骼等，如图 6-39 所示。

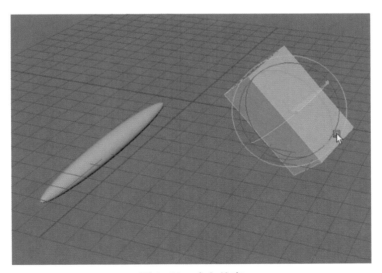

图 6-39 方向约束

4. 比例约束

比例约束可以控制被约束物体的比例大小，被约束物体的大小被主物体控制，如图 6-40、图 6-41 所示。

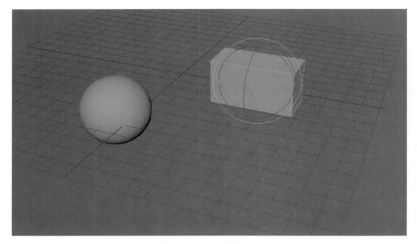

图 6-40　比例约束

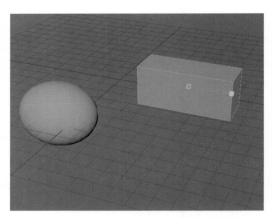

图 6-41　被约束物体的大小被主物体控制

5. 目标约束

在目标约束下，被约束物体会始终注视着主物体，当主物体移动时，被约束物体会自身旋转，保持注视主物体，如图 6-42 所示。这个约束常常用于眼球的绑定，即设置眼球控制器，当控制器位移时，眼球就会盯着控制器，从而形成眼球的转动动画。

6. 极向量约束

极向量约束可被用于腿部的骨骼绑定，当需要让角色旋转膝盖的方向，可以先设定控制器，给这个控制器设置极向量约束，然后选择控制器的位移，那么这个骨骼就跟随控制器的位移而转动，由此实现膝盖的动作操作，如图 6-43 所示。

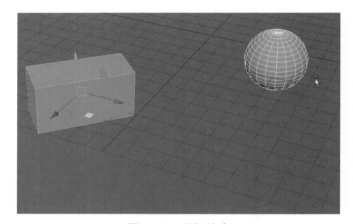

图 6-42　目标约束

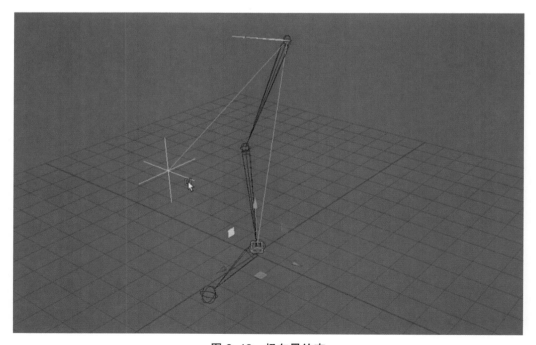

图 6-43　极向量约束

第二节　Maya 骨骼动画实例：卡通金鱼

一、骨骼系统设计

接下来通过演示一个卡通拟人角色完整的骨骼绑定的过程，掌握骨骼绑定的具体应用。

（1）打开已有卡通金鱼模型，首先需要检查模型，如图 6-44 所示，分别有鱼的身体、鱼鳍、尾巴和眼睛模型。将鱼鳍和尾巴模型和身体结合成整体，如图 6-45 所示。眼睛需进行单独绑定，不用结合，如图 6-46 所示。

图 6-44　金鱼模型

图 6-45　结合鱼鳍、尾巴和身体模型

图 6-46　眼睛模型

（2）鱼类的游泳动作一般表现为鱼鳍和尾巴摆动，身体发生 S 型运动，但是卡通角色还会有更复杂的运动，所以需要绑定骨骼才会更富表现力。

（3）进入侧视图，显示线框模式，如图 6-47 所示。从金鱼的身体开始，依次创建 3 节骨骼。创建后如果位置不精确，可以在顶视图中观察和调整，如图 6-48 所示。

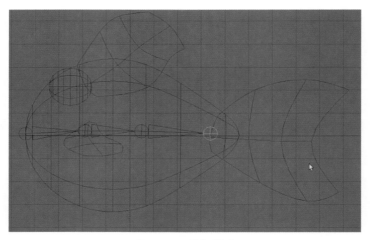

图 6-47　线框模式

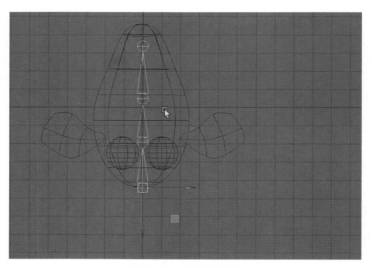

图 6-48　观察和调整

（4）依次创建金鱼尾巴骨骼，从尾巴根部向末梢依次创建 3 节骨骼，如图 6-49 所示。

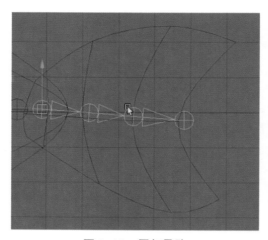

图 6-49　尾部骨骼

（5）进入顶视图中创建鱼鳍的骨骼，注意调整鱼鳍骨骼的角度，如图 6-50、图 6-51 所示。金鱼鱼鳍骨骼是对称的，所以另外一边的鱼鳍骨骼现在不用制作。

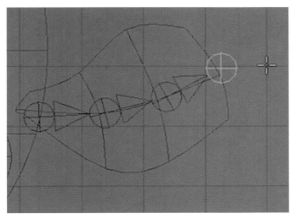

图 6-50 鱼鳍骨骼

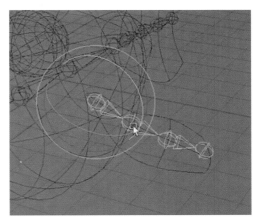

图 6-51 鱼鳍骨骼角度

（6）创建的骨骼都是相互独立的，相互之间没有连接与协作关系，无法形成系统。

将多边形模型隐藏。先选择鱼鳍骨骼再选择身体骨骼做"父子"链接，这样身体和鱼鳍骨骼之间会出现一节骨骼连接起来，如图 6-52 所示。

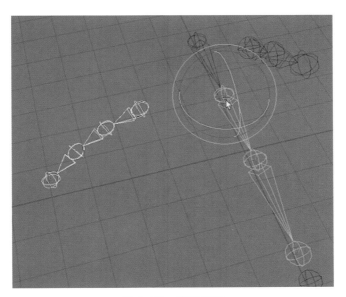

图 6-52 连接骨骼

（7）用同样的方法，将背鳍骨骼、尾巴骨骼都连接给身体骨骼，身体的骨骼即根骨骼，如图 6-53 所示。接下来做骨骼镜像，选择鱼鳍的骨骼，选择"镜像骨骼"。如果默认的轴向不一致，需要重新选择正确的轴向，直至骨骼的方向一致。

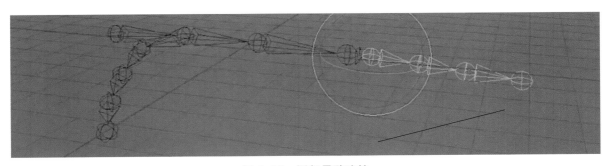

图 6-53 尾部骨骼连接

（8）最后检查完成的骨骼。在设计骨骼的时候，不用按照真实的骨骼数量来创建，只要创建的骨骼能实现必要的动画就可以了。

二、骨骼绑定与控制器

（1）当骨骼创建完成，接下来制作骨骼的控制器。先将模型隐藏，骨骼的控制需要借助一个物体来约束。操作动画不是直接操作骨骼，而是操作自定义的物体。一般使用图形作为控制器。

（2）制作卡通金鱼尾巴的控制器。创建一个圆形，如图 6-54 所示。放大比例，如图 6-55 所示。调整角度使得圆形和骨骼方向对应，按"V"键移动圆形，将其捕捉到骨骼上，这样可以精确对齐，如图 6-56 所示。

（3）完成控制器制作后就可以做约束。选择控制器再加选骨骼，打开约束菜单，找到方向约束命令，如图 6-57 所示。选择设置面板里面的"保持偏移"一定要勾选上，如图 6-58 所示。

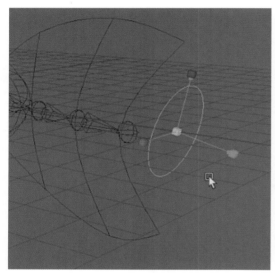

图 6-54　圆形

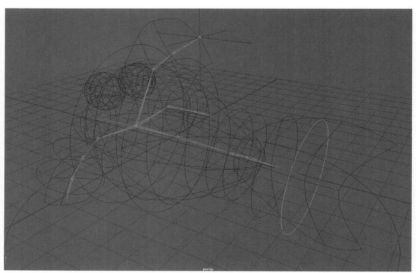

图 6-55　放大比例

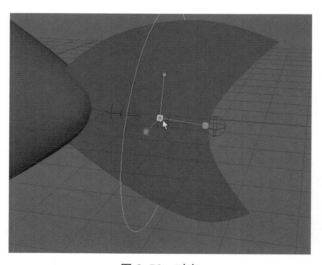

图 6-56　对齐

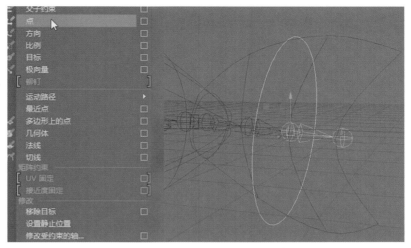

图 6-57 方向约束

图 6-58 勾选保持偏移

（4）选择"冻结变换"，将控制器清零。

（5）用同样的方法创建尾巴其他骨骼的控制器。当尾巴控制器都做好约束之后，从末端的控制器依次向上一级进行"父子"链接，这样就完成了尾巴控制器所有的工作，如图 6-59、图 6-60 所示。

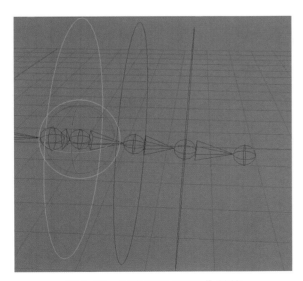

图 6-59 依次进行"父子"链接

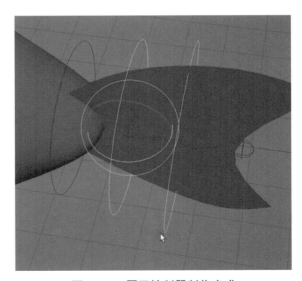

图 6-60 尾巴控制器制作完成

（6）继续制作脊椎骨骼，使用同样的方式，先做一个圆形控制器，如图 6-61 所示。根据身体模型大小进行放大调整，比例适合身体大小即可，如图 6-62 所示。

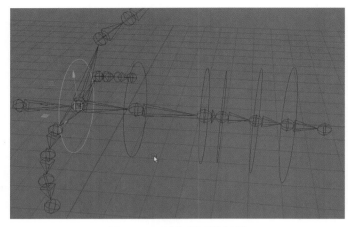

图 6-61　制作圆形控制器

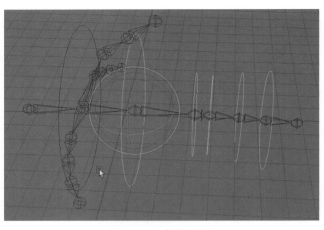

图 6-62　调整比例

（7）进行方向约束，最后设置脊椎骨骼控制器的"父子"链接关系，那么脊椎骨骼控制器就绑定完成。

（8）金鱼的背鳍的绑定。背鳍骨骼需要创建 IK 来绑定，再创建一个"定位器"，将定位器捕捉到 IK 控制柄上，然后让定位器利用"点约束"来约束 IK 控制柄。

（9）做鱼鳍的绑定，鱼鳍绑定和尾巴一样使用 FK 的绑定方式，如图 6-63 所示。先创建圆形作为控制器，然后将模型隐藏，再对齐骨骼的角度，最后冻结变换，如图 6-64 所示。

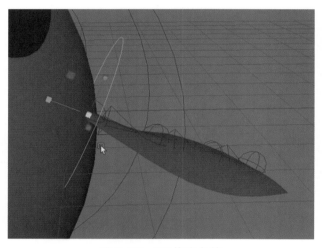

图 6-63　FK 绑定鱼鳍

图 6-64　鱼鳍绑定完成

鱼鳍有多个关节，可以先复制几个控制器。为了方便另一边的鱼鳍控制器的制作，制作完成后可以进行镜像复制。

（10）整体上再做一些主控制器，在根骨骼位置创建一个圆形控制器，如图 6-65 所示。将根骨骼"父子"链接给主控制器，再将其他部分的根骨骼都作为子级物体赋予主控制器，如图 6-66 所示。

（11）最后做一个大的圆形控制器，将主控制器作为子级物体赋予最大的圆形控制器。这个控制器一般不用做关键帧，为了移动整体骨骼或是做路径动画时可以使用这个控制器，如图 6-67 所示。

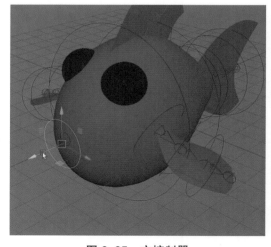

图 6-65　主控制器

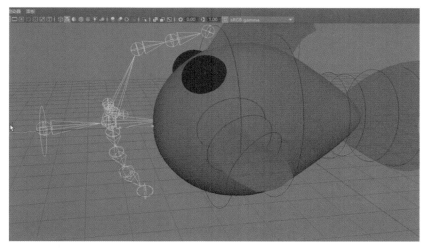

图 6-66　主控制器"父子"链接

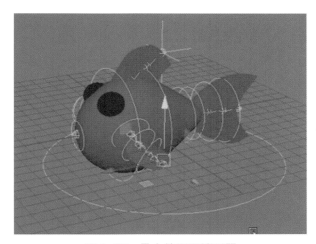

图 6-67　最大的图形控制器

三、蒙皮与权重

（1）蒙皮的创建过程是先选择网格模型再选择根骨骼，使用"绑定蒙皮"的命令。这样网格模型就和骨骼之间发生关联，骨骼就可以带动模型变形了（图 6-68）。

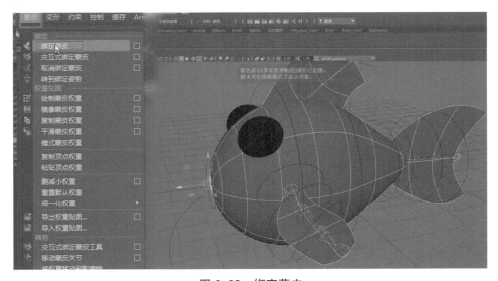

图 6-68　绑定蒙皮

（2）测试蒙皮的效果。旋转控制器，可以发现尾巴产生了动作，如图 6-69、图 6-70 所示。如果希望恢复初始动作，在通道盒面板里把控制器参数清零，即可恢复初始的姿态。

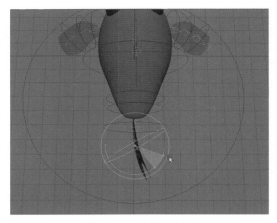

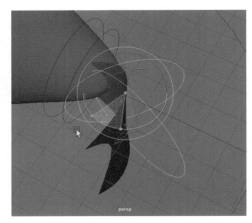

图 6-69　旋转控制器　　　　　　　　　　　　　　　　图 6-70　尾部动作

（3）Maya 的蒙皮有时候可能会产生错误的相互影响，如果模型之间距离较远，默认的蒙皮效果一般会比较理想，如图 6-71 所示。

（4）鱼鳍部分的骨骼比较多，模型相互之间距离小，蒙皮可能会有错误的相互拉扯，鱼鳍骨骼还会带动到身体模型，如图 6-72 所示。

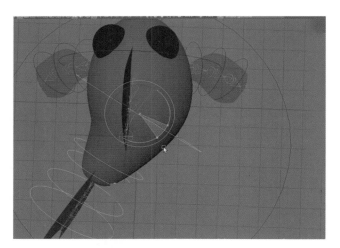

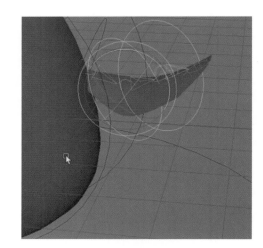

图 6-71　蒙皮默认效果　　　　　　　　　　　　　　　图 6-72　蒙皮错误

（5）打开"绘制权重"来观察，鱼鳍骨骼不仅影响了鱼鳍模型部分，对于身体模型也有大面积影响。通过颜色可以发现身体模型上有大面积的灰白色，表示鱼鳍骨骼会影响身体模型，如图 6-73 所示。

（6）鱼鳍在运动的时候会将大部分身体模型带动，这个结果不是正确的。将不应该受影响的范围去除，把笔刷下方的"值"设定为 0，如图 6-74 所示。用笔刷在身体上刷黑色，这样就能将身体受到的影响去除，如图 6-75 所示。

（7）如果发现有的不能去除，说明这些节点除了被当前骨骼影响，就没有其他任何骨骼对其有影响了，那么就应该反过来操作。选择身体的骨骼，增加网格，加强骨骼对它的影响就

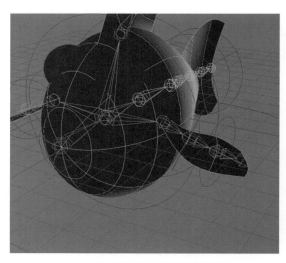

图 6-73　用绘制权重进行观察

可以了，如图 6-76、图 6-77 所示。

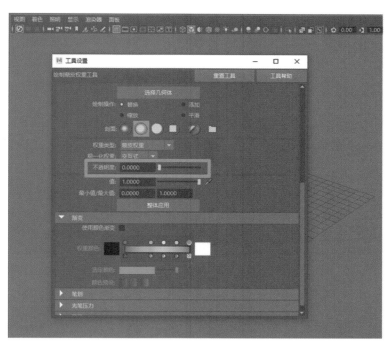

图 6-74　设定笔刷"值"为 0

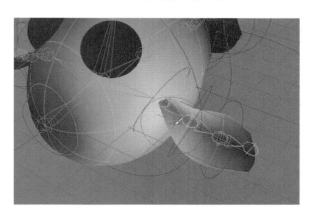

图 6-75　在身体上刷权重

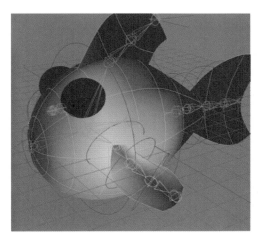

图 6-76　选择身体骨骼

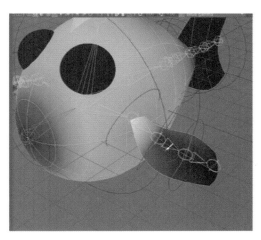

图 6-77　增加骨骼对身体的影响

（8）用同样的方法将身体部分的权重进行正确的刷新。如果发现无法选择到模型，可以关闭细分模型，直接选择模型的节点就可以刷新权重了。

（9）刷好权重之后，确认没有问题，就可以进行权重的镜像，这样可以把刚才做的权重效果镜像到金鱼的另外一边，如图6-78所示。

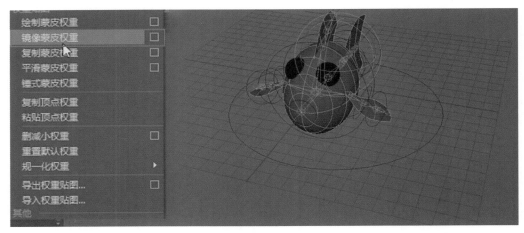

图6-78　镜像蒙皮权重

第三节　Maya骨骼动画实例：人物角色

一、人物骨骼系统设计

在上一节基础上进行人物角色骨骼绑定设计与制作，在掌握基础骨骼的认知之后，我们可以将掌握的知识点运用在人物角色设计之上。

（1）打开提供的角色模型，首先检查并整理模型，如图6-79所示。将模型放置在前视图中，脚部模型与世界坐标中心对齐，将轴心放置在模型的脚下，如图6-80所示。

图6-79　检查并整理角色模型

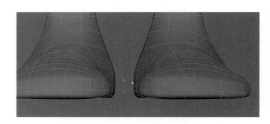

图6-80　脚部对齐世界坐标中心

（2）模型的历史删除和冻结变换。全选模型并删除历史和冻结变换，如图6-81所示。为了方便我们将这两个命令做成快捷键，如图6-82所示。

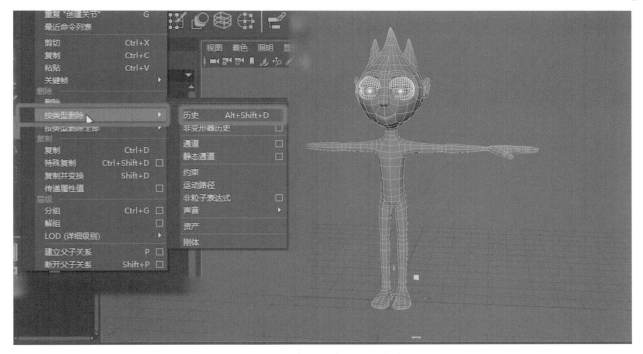

图 6-81 删除历史和冻结变换

图 6-82 设置快捷键

（3）设计人物角色需要哪些骨骼，一般以腿部、脊椎、手臂和头部骨骼作为主要骨骼，如图 6-83 所示。

图 6-83 设计骨骼

（4）创建骨骼，如图 6-84 所示。如果骨骼对于模型来说比例有些大，可以在显示菜单中将骨骼显示参数调节小一些，如图 6-85、图 6-86 所示。

图 6-84 创建骨骼

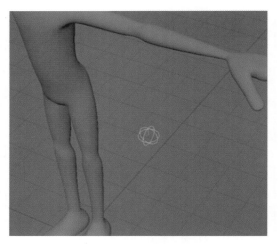

图 6-85 骨骼比例较大

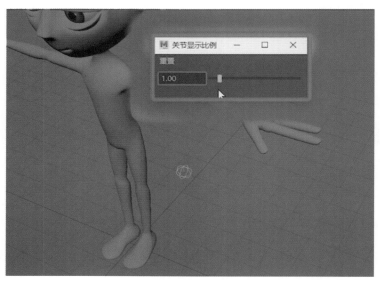

图 6-86 调节骨骼参数

（5）打开侧视图，按"4"将模型显示为线框，从腿部的骨骼开始创建骨骼；再在膝盖位置创建第 2 节骨骼，如图 6-87 所示，这里的骨骼需要向前弯曲一点角度，如图 6-88 所示；然后到脚踝骨位置创建骨骼，最后到脚部创建两节骨骼，如图 6-89 所示。

（6）需要注意膝关节一定要做成向前有点弯曲的角度，如图 6-90 ～图 6-92 所示。创建 IK 控制器，只有预留好角度才能产生合适的控制。脚后跟需要再增加 1 节骨骼，再次选择创建骨骼命令，在脚踝骨位置点击"创建"即可，如图 6-93 所示。

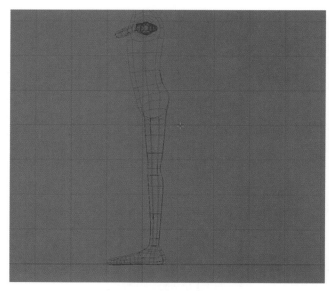

图 6-87 创建腿部骨骼

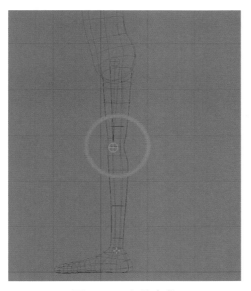

图 6-88　向前弯曲

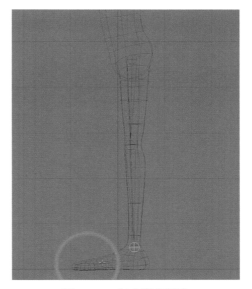

图 6-89　创建脚部骨骼

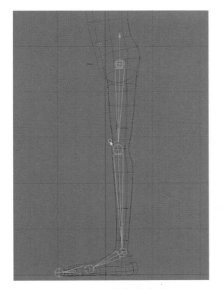

图 6-90　设计膝关节弯曲角度之一

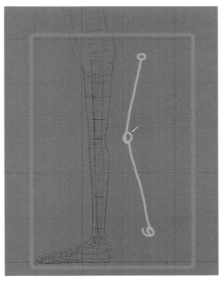

图 6-91　设计膝关节弯曲角度之二

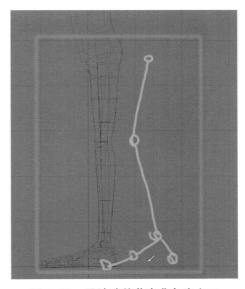

图 6-92　设计膝关节弯曲角度之三

图 6-93　增加脚跟骨骼

（7）在透视图中观察，发现骨骼和模型的位置没有匹配，如图 6-94 所示。选择腿部骨骼，将其移动到腿部模型的中间位置，如图 6-95 所示。骨骼的高度位置也进行适当的调整，使骨骼模型尽量保持水平垂直，如图 6-96 所示。

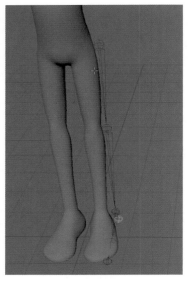

图 6-94　骨骼没有匹配模型

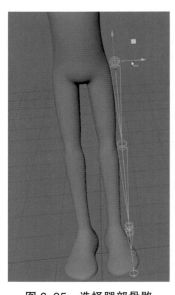

图 6-95　选择腿部骨骼

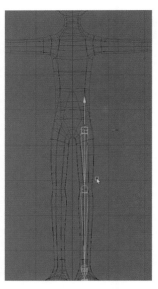

图 6-96　对齐骨骼位置

（8）接下来创建脊椎骨骼，如图 6-97 所示。脊椎骨应反向建立，一直创建到头部骨骼，如图 6-98、图 6-99 所示。脊椎骨骼和腿骨骨骼可以通过父子关系链接起来，如图 6-100 所示。选择腿部骨骼，再加选脊椎骨骼，然后进行父子链接，如图 6-101 所示。

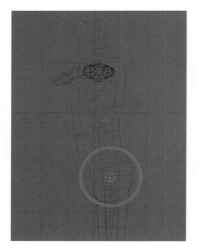

图 6-97　开始创建脊椎骨骼

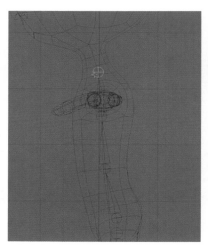

图 6-98　反向建立脊椎骨

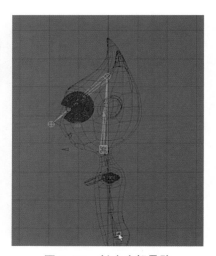

图 6-99　创建头部骨骼

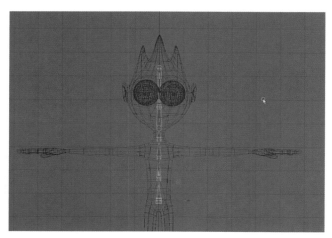

图 6-100　脊椎骨与腿骨

图 6-101　创建父子链接

（9）选择顶视图，如图 6-102 所示。创建手臂骨骼，一直创建到手臂末端位置，如图 6-103、图 6-104 所示。手臂骨骼的位置需要向上对齐模型，如图 6-105 所示。

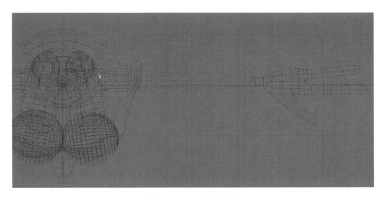

图 6-102 顶视图

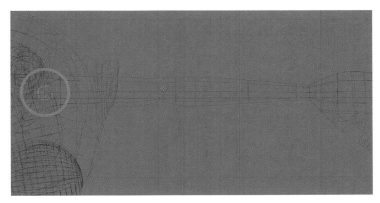

图 6-103 创建手臂骨骼

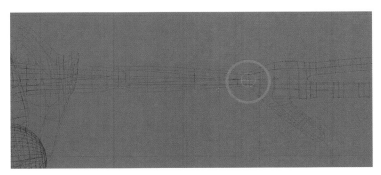

图 6-104 手臂骨骼末端

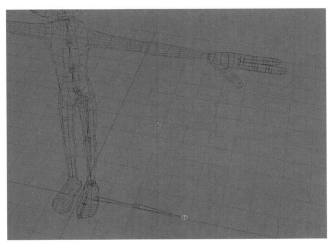

图 6-105 手臂骨骼位置向上对齐模型

（10）依次创建手指骨骼，从小指开始创建，如图 6-106 所示。接着创建中指骨骼和拇指骨骼，如图 6-107、图 6-108 所示。

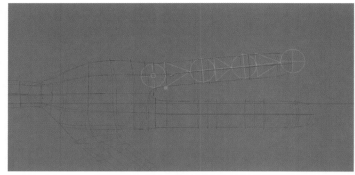

图 6-106　创建小指骨骼

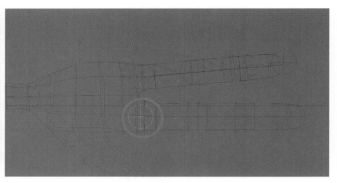

图 6-107　创建中指骨骼

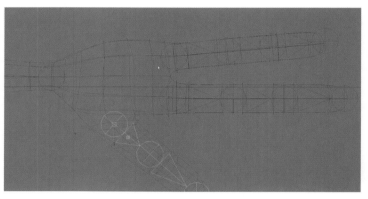

图 6-108　创建拇指骨骼

（11）将所有手指骨骼作为子物体链接到手腕骨骼。依次选择手指根骨骼，再加选手腕骨骼进行链接即可，如图 6-109、图 6-110 所示。

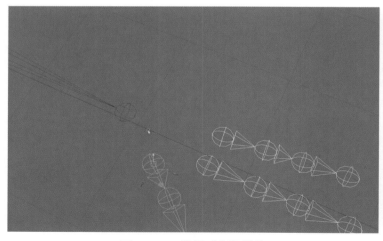

图 6-109　选择手指根骨骼

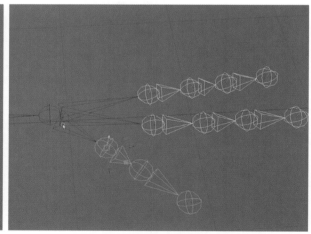

图 6-110　链接到手腕骨骼

（12）将手指骨骼与模型对齐，如图 6-111、图 6-112 所示。

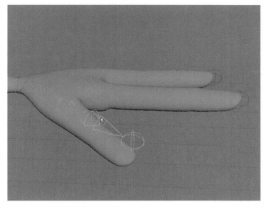

图 6-111　对齐拇指骨骼之一

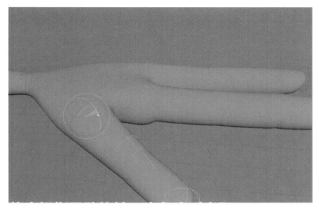

图 6-112　对齐拇指骨骼之二

（13）将手臂骨骼连接到脊椎骨骼，产生肩膀的骨骼，如图 6-113、图 6-114 所示。

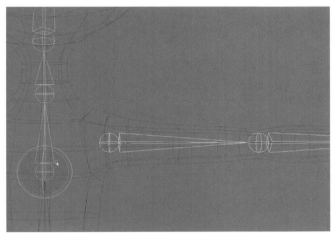

图 6-113　连接手臂骨骼与脊椎骨骼

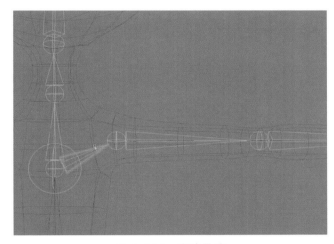

图 6-114　肩膀骨骼

（14）眼睛模型也可以利用骨骼来控制动画，如图 6-115 所示。角色模型的头部也有一些小的部件需要动画，也可以添加一些骨骼来控制它们，如图 6-116 所示。

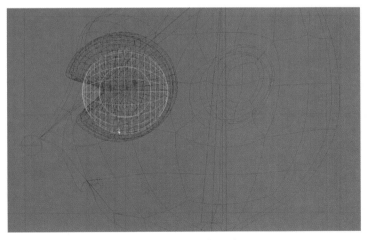

图 6-115　眼睛骨骼

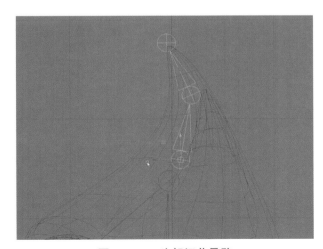

图 6-116　头部细节骨骼

（15）最后进行骨骼镜像，将右侧的手臂骨骼和腿部骨骼进行镜像，这个角色的所有骨骼就全部创建完成了，如图 6-117 ～图 6-120 所示。

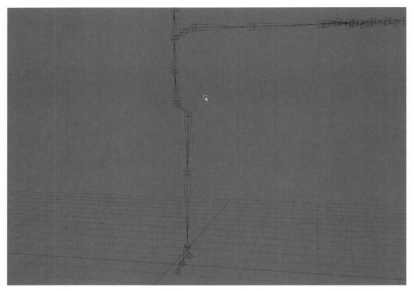

图 6-117　半身骨骼

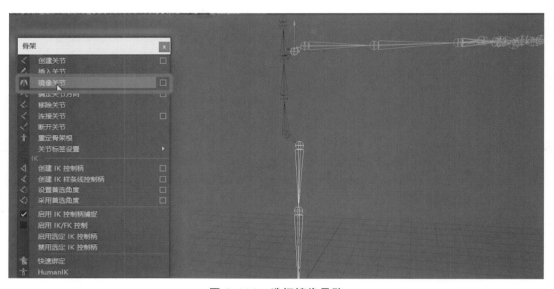

图 6-118　选择镜像骨骼

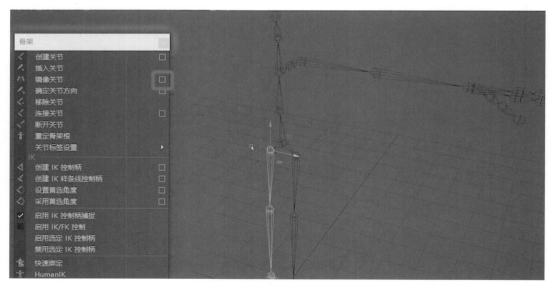

图 6-119　腿部骨骼镜像

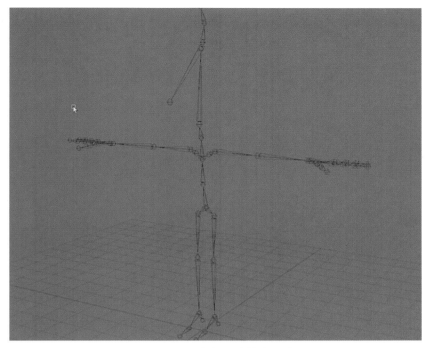

图 6-120　全部骨骼镜像完成

二、人物角色腿部骨骼制作

角色的骨骼创建完成后，接下来的工作是创建这个角色的 IK 控制器，这样才能将骨骼形成可操作的系统。

（1）从角色腿部开始创建，打开线框模型，如图 6-121 所示。角色的腿部动画一般都是和地面接触的，所以腿部的控制设计一般都是使用 IK 方式来进行的，如图 6-122 所示。

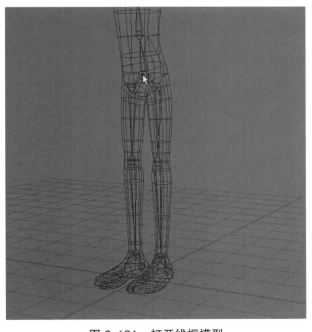

图 6-121　打开线框模型

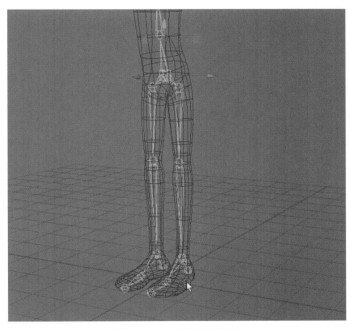

图 6-122　腿骨骨骼 IK

（2）选择创建 IK 控制柄命令，再选择骨骼即可创建 IK。腿骨骨骼的 IK 一定要选择旋转平面的解算方式。这样就可以利用控制柄来操作这个腿骨了，如图 6-123 所示。

（3）创建脚部骨骼的IK。先选择脚部骨骼，然后从脚踝位置到脚的中间创建一个解算器，如图 6-124～图 6-126 所示。

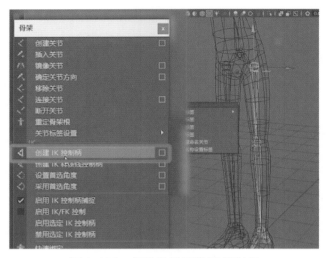

图 6-123　创建腿骨骨骼 IK 控制柄

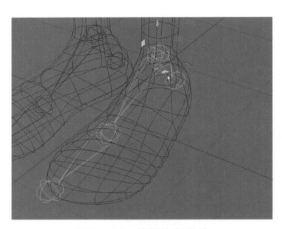

图 6-124　选择脚部骨骼

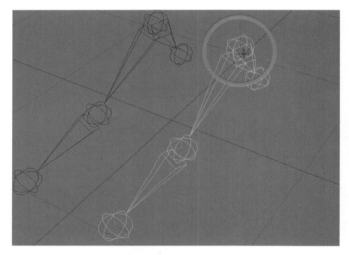

图 6-125　脚踝骨骼

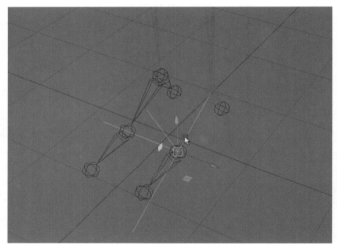

图 6-126　脚踝骨骼解算器

（4）在脚尖骨骼位置，再次创建一个 IK 解算器，如图 6-127 所示。这样脚的 IK 也都创建好了，如图 6-128 所示。

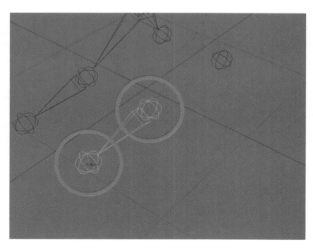

图 6-127　脚尖骨骼解算器

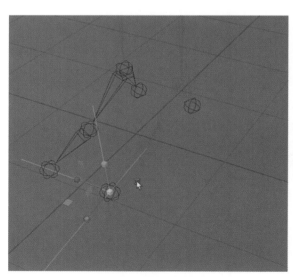

图 6-128　脚部 IK 完成

（5）如果 IK 解算器显示太大，也可以打开显示菜单，通过调节 IK 控制柄大小，将解算器尺寸显示缩小，如图 6-129、图 6-130 所示。

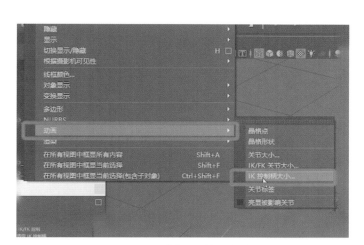

图 6-129　选择 IK 控制柄大小

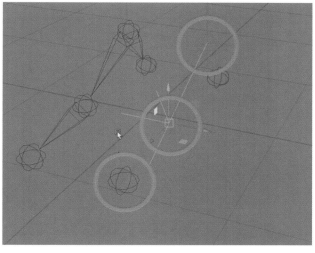

图 6-130　缩小解算器显示尺寸

（6）用大纲视图进行观察，如图 6-131 所示。选择脚部解算器，为脚部的绑定做准备，如图 6-132所示。

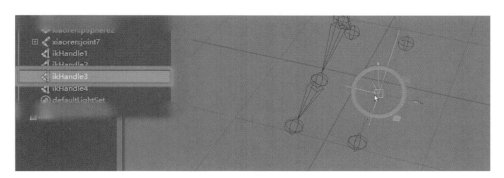

图 6-131　大纲视图

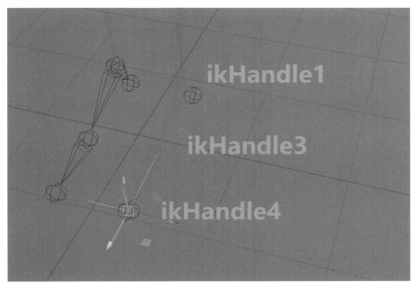

图 6-132　脚部 IK 控制柄

（7）创建一个圆形，将圆形逐步调节成为类似脚的形状，如图 6-133～图 6-136 所示。

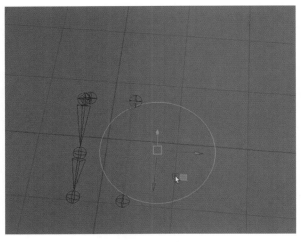

图 6-133　创建圆形

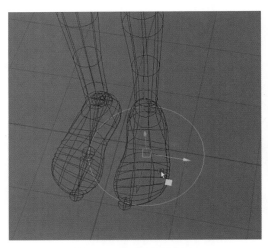

图 6-134　调节控制点

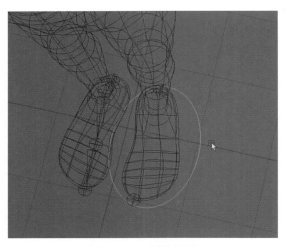

图 6-135　调整形状

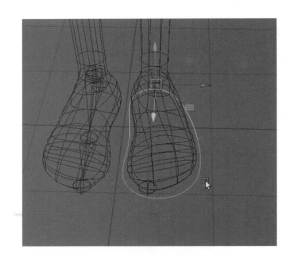

图 6-136　形成接近脚的形状

（8）将脚的 IK 解算器全选，再加选脚部控制器，创建父子链接就可以利用控制器来控制人物角色脚部的动画操作了，如图 6-137、图 6-138 所示。

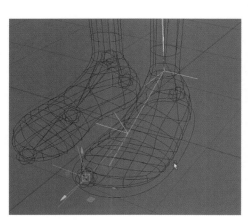

图 6-137　全选脚部 IK 解算器

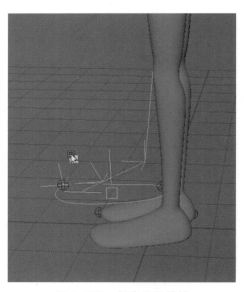

图 6-138　创建父子链接

三、驱动关键帧

1. 驱动关键帧的基本概念和使用方法

驱动关键帧在角色绑定中是重点环节，首先介绍驱动关键帧的基本概念和使用方法。驱动关键帧是利用一个物体的属性参数来控制另一个模型的动画。

（1）创建一个物体和圆形，如图 6-139 所示。

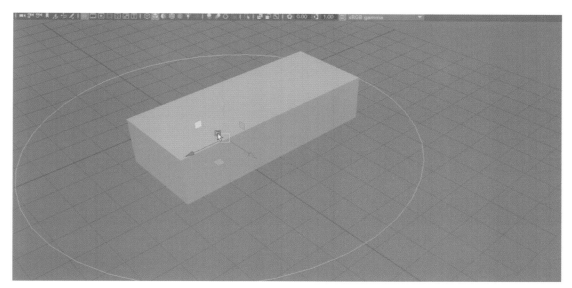

图 6-139　创建模型与圆形

（2）将这个圆形作为控制器，可以利用它来操作这个模型的动画，如图 6-140 所示。

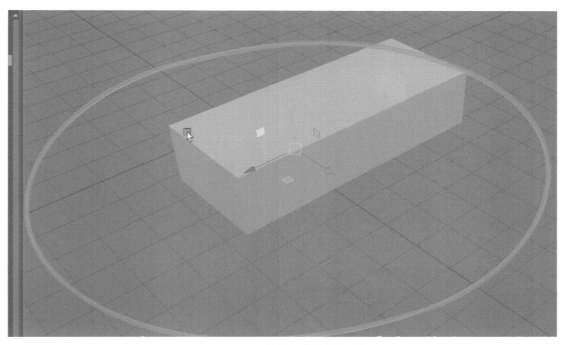

图 6-140　将圆形作为控制器

（3）选择控制器，在通道栏上添加属性，如图 6-141 所示。在属性面板里设置名称，这里的名称一定要输入英文。数据类型选择"浮点型"，如图 6-142 所示。在数值栏里面最小值设置为"0"，最大值设置为"10"，默认值为"0"，如图 6-143 所示。这样通道栏就可以显示创建的属性和参数了，如图 6-144 所示。

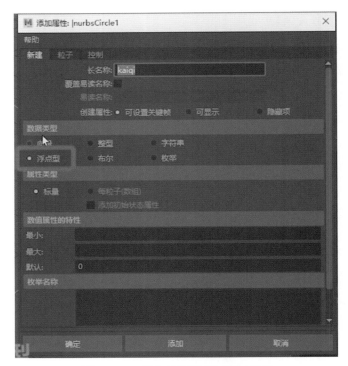

图 6-141　在通道栏上添加属性　　　　　　图 6-142　数据类型选择"浮点型"

图 6-143　设置数据　　　　　　　　　图 6-144　属性参数

（4）打开"设置受驱动关键帧"面板，如图 6-145 所示。这个面板分上、下两个区域，上面是驱动者，下面是受驱动者，上面的参数用来控制下面的参数，如图 6-146 所示。

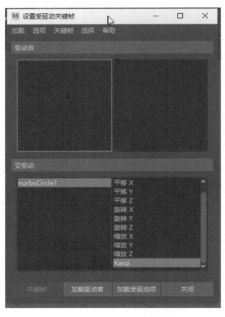

图 6-145　设置受驱动关键帧　　　　　　图 6-146　驱动者和受驱动者

（5）选择圆形，点击加载驱动者，如图 6-147 所示。再选择模型加载为受驱动者。可以利用控制器之前添加的参数来控制模型的动画。具体方法为先选择控制器，选中参数栏，设置数据为"0"，如图 6-148 所示；再选择模型旋转 x 轴向，如图 6-149 所示；点击"关键帧"，如图 6-150 所示。这样第一个驱动关键帧就完成了。

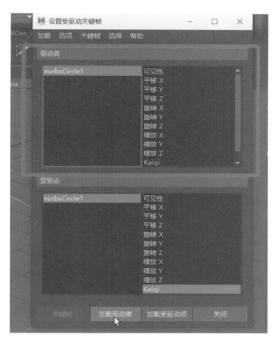

图 6-147　加载驱动者

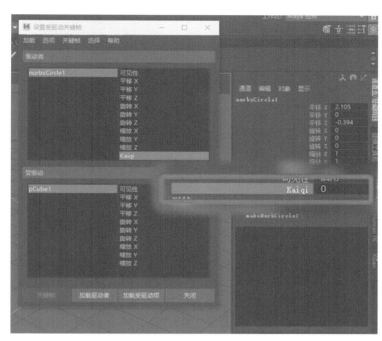

图 6-148　设置数据为"0"

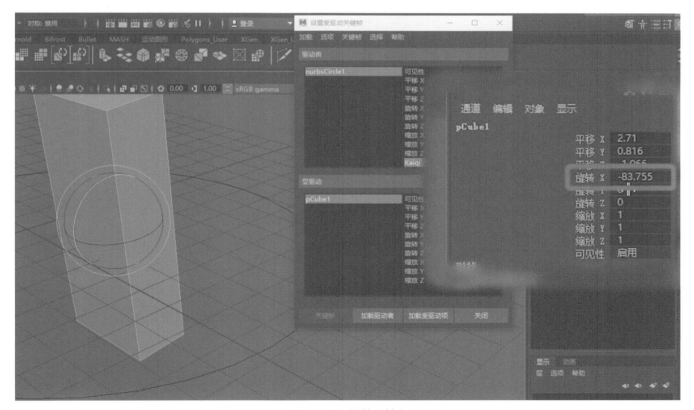

图 6-149　旋转 x 轴向

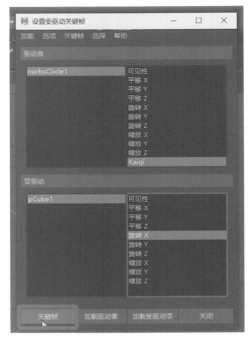

图 6-150　设置关键帧

（6）选择控制器，在参数栏设置参数，如图 6-151 所示。再将模型旋转一定的角度，点击"关键帧"，这样第二个驱动关键帧就完成了，如图 6-152 所示。

图 6-151　设置参数

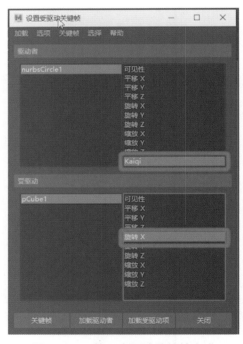

图 6-152　第二个驱动关键帧完成

（7）测试动画，调节参数栏的参数会使设定的模型也跟着动画。这就是驱动关键帧的基本原理。

2. 利用驱动关键帧设置角色的脚部绑定

为角色的脚部建立驱动关键帧，可以将人物角色脚部的动画进行很好的绑定。

（1）创建驱动关键帧之前，我们必须建立一些组。首先创建脚部 IK 控制柄的分组，选择脚踝和脚掌中间的两个 IK 按"Ctrl+G"建组。按"D+V"键将这个组的轴心放置在脚掌中心，这个是"组 1"，如图 6-153 所示。

（2）创建第二个组，选择"组 1"再加选择脚尖 IK，建一个组，按"D+V"键将这个组的轴心放置在脚尖位置，这个组是"组 2"，如图 6-154 所示。

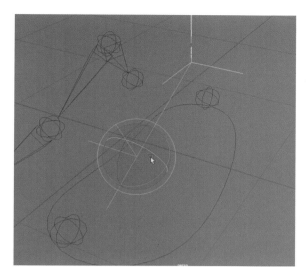

图 6-153　创建"组 1"

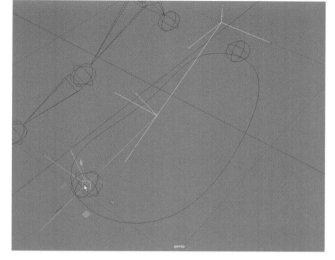

图 6-154　创建"组 2"

（3）创建第三个组，选择"组 2"直接创建组，将它的轴心放置在脚后跟的位置，这个组是"组 3"，如图 6-155 所示。

（4）可以在大纲视图中仔细观察分组是否正确。检查几个组的动作是否正确适当，如果分组分错，可以在大纲视图中调整，如图 6-156 所示。

（5）设置脚部的驱动关键帧。选择脚部控制器，添加属性，用英文字母设置属性名称。将数值属性最小值设置为"-10"，最大值设置为"10"，如图 6-157 所示。

（6）打开驱动关键帧面板，将脚部控制器加载为驱动者，作为主驱动者，再将"组 1"加载为受驱动者，如图 6-158 所示。此时可以测试一下旋转效果，然后将抬脚和"组 1"的旋转 x 轴选中，设置关键帧，接着将抬脚参数设置为"10"，如图 6-159 所示。再选择"组 1"旋转 25°，使用同样的设置方法设置关键帧，如图 6-160、图 6-161 所示。

检查一下效果，选择抬脚的参数设置，可以发现脚部骨骼就抬起和落下了，如图 6-162 所示。

（7）接下来用同样的方法设置脚部驱动关键帧。同样选择抬脚控制器作为主驱动者，选择"组 2"加载为被驱动者，这里和建立"组 1"的关键帧是一样的操作和参数设置。

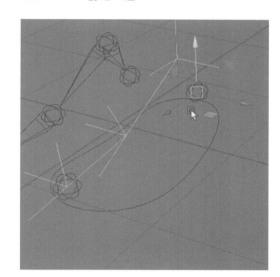

图 6-155　创建"组 3"

图 6-156　大纲视图

图 6-157　添加属性

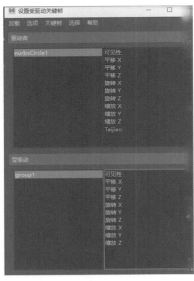
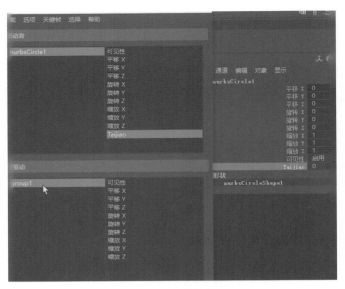

图 6-158　加载驱动者

图 6-159　设置参数

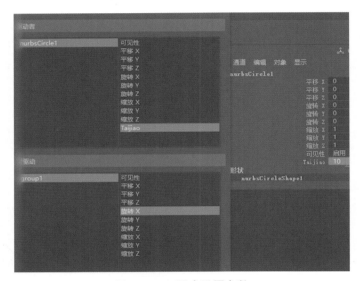
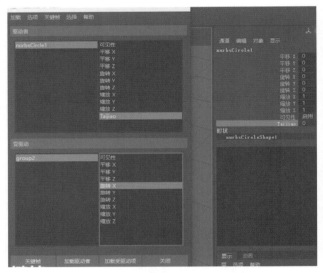

图 6-160　再次设置参数

图 6-161　再次设置关键帧

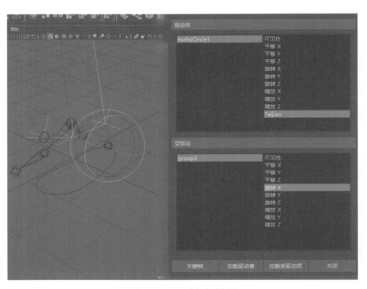

图 6-162　检查效果

（8）设置"组 3"的驱动关键帧，设置的方法是一样的，但是将抬脚参数设置为"-10"来操作脚后跟的抬起效果即可。

（9）将脚部骨骼的 3 个组都作为子物体赋予脚部控制器就可以了，如图 6-163 所示。这个人物角色的脚部驱动关键帧就完成了，如图 6-164 所示。后面再设置这个角色的动作时，就可以方便地使用脚部控制器的参数来操作了。

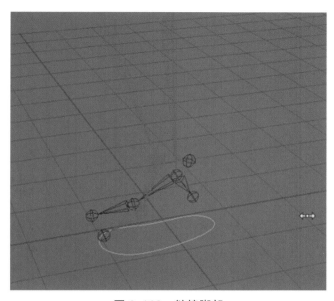
图 6-163　链接脚部

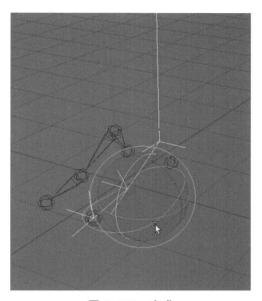
图 6-164　完成

四、约束膝盖弯曲

（1）完成脚部的绑定后，角色的膝盖弯曲还需要控制方向，在 Maya 中使用极向量约束可以很容易地控制它。

（2）创建一个圆形，利用"V"键捕捉到膝盖的位置，如图 6-165 所示。再沿着膝盖的位置移动出一段距离，旋转 90°。同样再创建一个圆形，做另外一个约束，如图 6-166 所示。

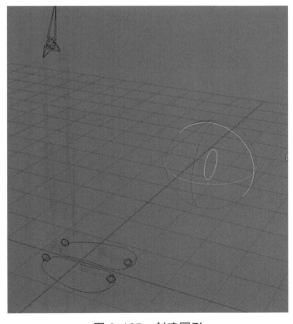
图 6-165　创建圆形

图 6-166　创建第二个圆形

（3）在约束菜单中找到极向量约束，如图 6-167 所示。这个约束很简单，没有什么参数。选择圆形，再加选腿部 IK 控制柄，之后选择极向量约束，这样就完成了对膝盖的控制。调节腿部弯曲动作，再调整膝盖的控制器，可以发现膝盖能跟随控制器移动了，这样膝盖的极向量约束就完成绑定了。

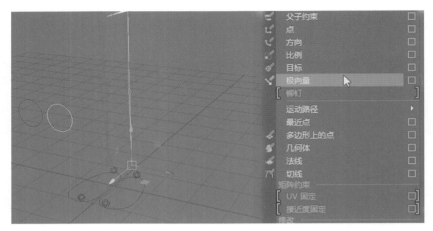

图 6-167　极向量约束

五、身体绑定

（1）创建腰部骨骼的控制器绑定。创建一个圆形，捕捉到腰部骨骼并对齐，如图 6-168 所示。复制圆形，同样捕捉到骨骼中心对齐，重复这个操作，直到角色的头部骨骼位置，如图 6-169 所示。

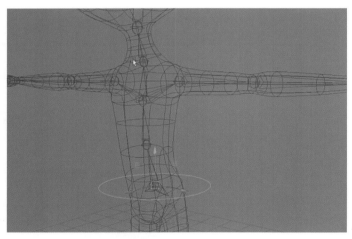

图 6-168　创建圆形

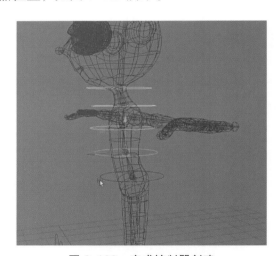

图 6-169　完成控制器创建

（2）制作约束，将圆形和骨骼之间发生关联，脊椎骨骼的控制器都使用方向约束进行控制，如图 6-170 所示。选择圆形控制器再加选骨骼，打开约束菜单，找到方向约束，注意这个约束需要勾选保持偏移，如图 6-171 所示。

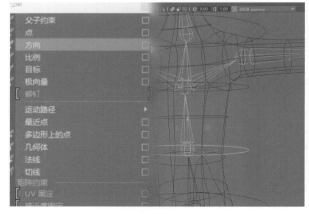

图 6-170　方向约束

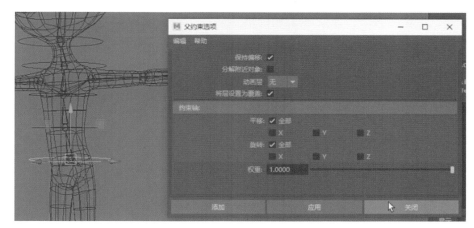

图 6-171　勾选保持偏移

（3）依次将所有脊椎骨进行方向约束，再将胸部骨骼进行方向约束，脖子骨骼和头部骨骼也都使用方向约束。

（4）腰部骨骼绑定。腰部骨骼制作的约束方式是父子约束，可以通过旋转控制器检查绑定效果。绑定成功后移动腰部控制器即可带动骨架进行移动，如图 6-172 所示。

（5）上肢的控制器相互之间需要做"父子"链接，先选择头部控制器，然后依次向下选择，直到腰部骨骼，点击"P"键设置父子链接关系，如图 6-173 所示。

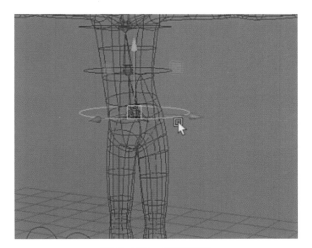

图 6-172　腰部绑定

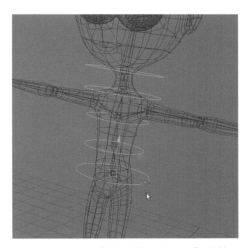

图 6-173　上肢控制器间"父子"链接

（6）制作手臂骨骼的绑定，选择"创建 IK 控制器"命令，点击手臂骨骼和手腕骨骼，如图 6-174 所示。注意观察手腕与手臂连接处有一个向后的箭头，如图 6-175 所示。

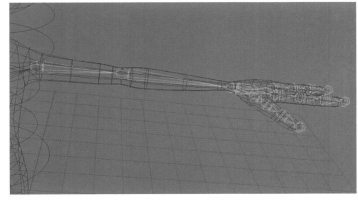

图 6-174　绑定手臂

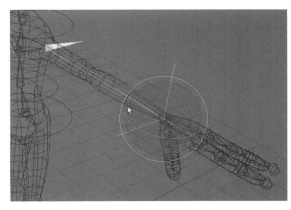

图 6-175　手腕与手臂连接处

（7）制作一个圆形作为控制器，捕捉到手腕位置并对齐，再将圆形旋转 90°，点击右键选择控制点，调整图形形状，如图 6-176 所示。选择手腕的 IK，设置点约束，如图 6-177 所示。

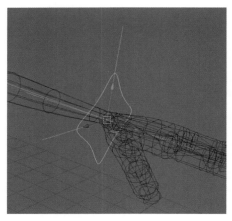

图 6-176　手腕控制器

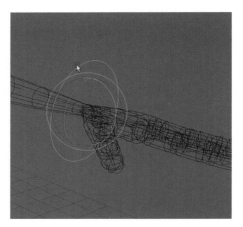

图 6-177　设置点约束

（8）选择手腕控制器再加选择手掌骨骼，选择方向约束，这样这个控制器既可以控制手臂的动作也可以旋转约束手掌的动作了。

（9）制作眼睛的绑定，角色的两只眼球是分开的。选择眼球模型再加选择头部骨骼，进行"父子"链接即可，如图 6-178 所示。

（10）眼睛需使用约束进行绑定。创建一个定位器，对齐眼球位置，如图 6-179 所示。选择定位器并加选眼球，使用目标约束，眼球就会跟随定位器的位置移动或旋转，利用同样的方法将另一只眼睛绑定完成，如图 6-180 所示。

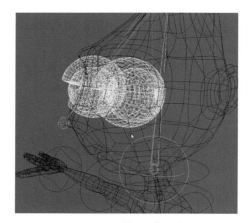

图 6-178　"父子"链接

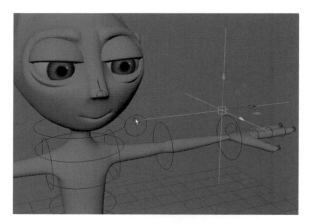

图 6-179　创建定位器

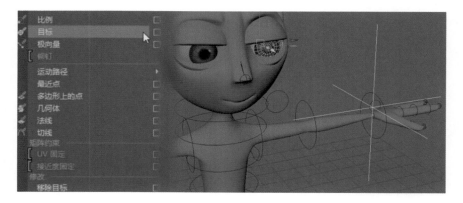

图 6-180　使用目标约束

（11）为了同时控制两只眼球的动作，再创建一个圆形，调整其形状，然后将两个定位器父子链接给这个控制器，这样移动一个控制器就可以同时控制两只眼球了，如图 6-181、图 6-182 所示。

图 6-181 圆形

图 6-182 调整形状

（12）将身体其他部分的控制器进行相应的"父子"链接关系。在角色的脚部位置创建一个大的圆形，如图 6-183 所示，将身体上所有的控制器都做父子链接给这个大圆，控制它就可以整体操控角色的动作。这样角色所有的骨骼绑定就完成了，如图 6-184 所示。

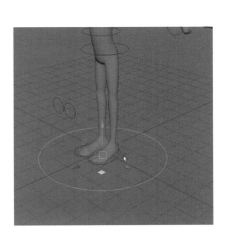

图 6-183 在脚部创建圆形

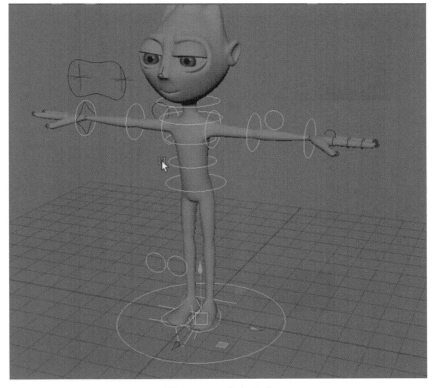

图 6-184 全身完成

本章节通过具体的案例分析，将 Maya 骨骼动画的制作进行了详解，并且对于在实际运用过程中会出现的问题做了提示。通过本章节内容的学习，设计者可以举一反三，将这个过程运用在其他的项目制作之中。

参考文献

[1] 张子瑞 . 数字三维动画 Maya 技术 [M]. 北京 : 中国人民大学出版社 ,2015.

[2] 顾杰 . 三维动画建模基础 [M]. 北京 : 中国建筑工业出版社 ,2014.

[3] 韩旭 . 浅析三维动画设计的视觉表现 [M]. 长沙 : 文艺生活出版社 ,2016.

[4] 赖亮鑫 . 三维动画艺术的创作流程与工艺表现 [M]. 长沙 : 艺海出版社 ,2015.

[5] 曾静 . 高畑勋动画电影现实主义问题研究 [M]. 合肥 : 中国科学技术大学出版社 ,2012.

[6] 彭超 . 三维动画特效 [M]. 北京 : 京华出版社 ,2013.

[7] 吴峰 . 三维动画造型设计要素研究 [M]. 武汉 : 武汉理工大学出版社 ,2013.

[8] 王守平 . 三维动画基础技法 [M]. 沈阳 : 辽宁美术出版社 ,2013.

[9] 胡西伟 . 三维动画与虚拟现实技术的理论研究 [M]. 武汉 : 武汉大学出版社 ,2015.

[10] 陈伟 . 论动画创作中设计稿的作用 [M]. 济南 : 现代出版社 ,2017.

[11] 梁骁 . 论贴图在三维动画中的重要作用 [J]. 美术教育研究 ,2017(24):84.

[12] 陈菲仪 . 从小王子看当前三维动画电影的同质化困境 [J]. 电影评介 ,2016(1):53-55.

[13] 田博 . 三维动画角色造型设计要素研究 [J]. 电脑知识与技术 ,2017(4):1-2.

[14] 张耀华 . 试论三维动画短片创作的有效开展 [J]. 艺术科技 ,2017(11):12-14.

[15] 王淼 . 三维动画渲染优化 [J]. 北京工业职业技术学院学报 ,2015(3):29-31.

图书在版编目 (CIP) 数据

三维动画短片设计与制作 / 刘志强，戚大为，韩美英主编. -- 北京：中国纺织出版社有限公司，2021.10

"十四五"普通高等教育本科部委级规划教材

ISBN 978 - 7 - 5180 - 8663 - 4

Ⅰ.①三… Ⅱ.①刘… ②戚… ③韩… Ⅲ.①三维动画软件—高等学校—教材 Ⅳ.①TP391.414

中国版本图书馆CIP数据核字（2021）第128525号

责任编辑：石鑫鑫　华长印　　责任校对：寇晨晨
责任印制：王艳丽

中国纺织出版社有限公司出版发行
地址：北京市朝阳区百子湾东里A407号楼　邮政编码：100124
销售电话：010—67004422　传真：010—87155801
http://www.c-textilep.com
中国纺织出版社天猫旗舰店
官方微博http://weibo.com/2119887771
天津雅泽印刷有限公司印刷　各地新华书店经销
2021年10月第1版第1次印刷
开本：889×1194　1/16　印张：10
字数：153千字　定价：65.00元

凡购本书，如有缺页、倒页、脱页，由本社图书营销中心调换